물리학실험 입문 3판

Introductory Physics Experiments

전철

KB149647

교문사

청문각이 교문사로 새롭게 태어납니다.

PREFACE

　　공과대학생들에게 필요한 실험능력과 분석능력을 키우기 위한 기초교과목 중 가장 대표적인 것이 일반물리학실험이다. 물리학에 관한 기초실험들은 기본적인 역학은 물론, 열역학, 전기 및 전자학, 광학 등 폭넓은 영역에 걸쳐 이루어진다. 이러한 실험들은 공학에 있어 가장 기본적인 공학실험들에 속하며 이를 바탕으로 전기공학, 전자공학, 컴퓨터공학, 재료공학, 건축공학 등에 대한 실험의 기초를 다지게 된다.

　　오늘날의 최첨단 정보소자의 개발과 발전은 다양한 전공학문들에 의한 융합적이며 수렴적 과학기술의 토대 하에 이루어지고 있다. 여러분이 가지고 다니는 스마트폰을 생각하면 이해가 될 것이다. 즉 기초적인 전기전자공학은 물론 이를 바탕으로 하는 디스플레이공학, 재료공학, 정보통신공학 등이 융합되어 수렴된 과학기술의 산물인 것이다. 이러한 융합수렴적인 기술을 이해하고 익히는 데는 물리학 기초가 가장 중심이 되며, 따라서 일반물리학실험이 곧 공학전문가의 필수 코스라고 할 수 있다.

　　본 교재는 학생들이 공학실험의 맛을 볼 수 있고 그 기초를 닦는 데 최선의 길을 제공하며 아울러 기업체의 요구에 응할 수 있는 현장중심의 적응력과 데이터 분석을 연마하는 데 필요한 가장 기초적인 실험서의 역할을 할 것이다.

　　본 교재의 또 다른 특징으로는 실험에 사용되는 실험장치들을 직접촬영하고 이에 대한 실험방법들을 자세히 언급하였다는 점이다. 따라서 본 교재는 학생들이 실험에 대한 접근이 비교적 쉽고 이해가 빠르게 작성되었다고 할 수 있다.

　　본 교재는 공학을 연마할 예정인 학생들의 창의력의 함양을 불러와 장차 전기·전자, 컴퓨터, 정보통신, 로봇제어 등에 있어 훌륭한 전문가의 탄생을 불러오는 밑거름의 역할을 할 것이다. 이는 곧 우리나라의 주력 첨단 수출산업들인 디스플레이, 반도체, 로봇, 태양광, 신세대조명에 대한 전문 글로벌 인재를 양성하는 데 일조를 한다는 의미이다.

　　이와 같은 창의적인 학생들은 장차 공과대학이 추구하는 전문분야에서 그 목적을 충분히 달성하는 인재로 성장할 것이며, 이것이 곧 본 교재가 목표로 하는 최종목적이라고 할 수 있다.

　　본 교재는 전적으로 박태양 선생의 노력에 의해 태어나게 되었다. 이 자리를 빌어 고마움의 말씀을 전한다.

2016. 2.

문창범

CONTENTS

Part **1** 총 론

1. 실험의 종류   10
2. 유의사항   10
3. 실험보고서 작성방법   11
4. 물리량의 단위표기법   14
5. 측정값과 오차   16

Part **2** 본 론

1. 길이 및 곡률반경 측정   24
2. 중력가속도 측정 (단진자)   31
3. 포물선운동   38
4. 에너지 보존법칙 (탄동진자)   44
5. 힘의 평형 Ⅰ   51
6. 힘의 평형 Ⅱ   58
7. 중력가속도 측정 (포토게이트)   64
8. 훅 (Hooke) 의 법칙   72
9. 에너지 보존 (단진자)   77
10. 선운동량 보존 (2차원 탄성충돌)   83
11. 관성모멘트 측정   88
12. 음속측정 (기주공명)   95
13. 소리공명   101
14. 작용 – 반작용 (물 로켓)   106
15. 금속의 밀도측정   114
16. Young률 측정   122
17. 고체의 선팽창계수 측정   128
18. 전기적 열의 일당량 측정   134
19. 등전위선 측정   140

20. 멀티테스터 작동법　　　　　　　　　　　　147

21. 키르히호프의 법칙　　　　　　　　　　　　155

22. 자기장과 유도기전력(Faraday 법칙)　　　　168

23. 반도체 다이오드의 특성 측정　　　　　　　175

24. 트랜지스터의 특성 측정　　　　　　　　　185

25. 렌즈의 곡률반경 측정(Newton Ring)　　　195

26. 빛의 반사와 굴절실험　　　　　　　　　　202

27. 편광실험(브루스터각)　　　　　　　　　　208

28. Young의 간섭실험　　　　　　　　　　　213

29. 렌즈의 초점거리 측정(볼록렌즈)　　　　　220

30. 오실로스코프 사용법　　　　　　　　　　　225

Part **3** 부 록

1. SI 단위계 접두어　　　　　　　　　　　　　232

2. 도체의 종류 및 성질　　　　　　　　　　　　232

3. 건습구 온도계의 습도표　　　　　　　　　　233

4. 금속과 합금의 물리적 성질　　　　　　　　　234

5. 기본물리상수(1)　　　　　　　　　　　　　236

6. 기본물리상수(2)　　　　　　　　　　　　　237

7. 기체의 물리적 성질　　　　　　　　　　　　238

8. 단위환산(길이, 넓이, 부피)　　　　　　　　238

9. 단위환산(질량, 에너지, 공률, 전력, 압력)　239

10. 마찰계수　　　　　　　　　　　　　　　　241

11. 물의 성질(끓는점, 밀도, 표면장력)　　　　241

12. 비금속재료의 물리적 성질　　　　　　　　243

13. 액체의 물리적 성질　　　　　　　　　　　244

14. 여러 물질의 굴절률(액체, 광학재료, 금속, 공기)　245

15. 여러 재료의 물성(저항률, 온도계수, 녹는점, 밀도)　247

16. 여러 종류의 절연체　　　　　　　　　　　248

17. 온도와 압력에 따른 공기의 밀도　　　　　248

18. 원소의 주기율표　　　　　　　　　　　　249

19. 매질에 따른 음속(기체, 액체)　　　　　　250

20. 포화증기압　　　　　　　　　　　　　　　251

1. 실험의 종류
2. 유의사항
3. 실험보고서 작성방법
4. 물리량의 단위표기법
5. 측정값과 오차

1

Part

1 실험의 종류

공학은 물론 물리학, 화학, 생물학 등 자연과학은 실험을 통하여 검증이 되는 학문이다. 실험은 크게 두 가지로 나누어 볼 수 있다. 하나는 교수 등 박사급 이상의 전문가에 의해 독창적으로 이루어지는 연구실험, 다른 하나는 학생들의 교육을 목적으로 하는 교육실험이다.

교육실험은 다시 학생들이 직접 행하는 학습실험(experiments for study)과 전문가(교수 혹은 조교)에 의해 학생들에게 시범으로 해 보이는 설명실험(experiments for explanation) 혹은 시범실험(experiments for demonstration) 등 두 가지로 나누어 볼 수 있다. 본 교재는 학습실험을 위한 안내서로서의 역할을 한다. 측정이 디지털센서에 의해 이루어지는 최신실험인 경우 시범실험 종목도 포함시켰음을 일러둔다.

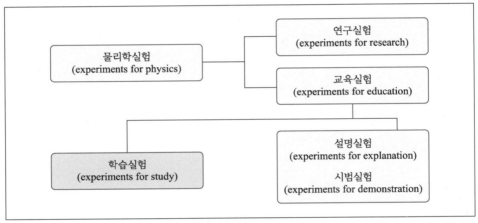

그림 1 **물리학실험의 분류** 일반물리학실험 교과목은 학습실험을 위주로 하는 교육실험의 한 종류이다.

2 유의사항

일반물리학실험은 대학의 교육과정 중 경험이 풍부하지 못한 1학년 신입생을 대상으로 실시된다. 따라서 실험에 임하기 전에 학생들은 실험의 성공과 안전사고의 방지를 위한 기초적인 지식을 갖추어야 한다. 일반적으로 학습실험에 있어 요구되는 유의사항들은 다음과 같다.

(1) 자신이 하게 되는 실험의 종류와 그 실험의 목적을 우선적으로 알아둔다. 따라서 예비보고서가 필요하며 이를 통하여 실험방법, 실험장치의 사용법 등의 예비지식을 얻는다.

(2) 실험항목에 대한 주의사항을 반드시 읽어보고 그에 따라야 한다.

(3) 실험장치들을 옮기거나 설치를 하는 경우 최대한 두 손으로 조심스럽게 다루어야 한다.

(4) 실험결과의 측정을 하기 위해서는 몇 단계의 수순이 필요하며, 이때 서두르지 말고 차분히 순서대로 실험을 해 나가야 한다.

(5) 측정은 심혈을 기울여 해야 한다. 즉 오차의 크기가 커지지 않도록 신중하게 측정하는 자세를 가져야 한다.

(6) 실험노트는 반드시 지참하고 실험을 하는 과정에서 일어나는 모든 상황을 기록하도록 한다. 날씨, 온도는 물론 같은 실험조에 있는 동료학생들의 실험태도 등도 기록해 두면 좋다.

(7) 실험이 끝나면 실험기구들을 제자리에 정돈해 놓아야 한다. 아울러 쓰레기가 발생하였다면 실험실 주위를 청소해 놓는다.

다음 그림은 일반물리학실험이 이루어지고 있는 장면을 촬영한 사진이다.

3 실험보고서 작성방법

실험보고서는 보통 두 가지를 작성하게 된다. 먼저 실험하기 전에 작성하는 예비보고서, 실험이 끝난 후 작성하는 결과보고서이다.

1. 예비보고서

예비보고서는 실험을 수행하기 전에 실험에 대한 사전지식을 얻기 위한 것이므로 다음 사항들을 고려하여 작성한다.

(1) 실험의 목적
(2) 실험의 원리
(3) 실험기구 및 사용방법

2. 결과보고서

결과보고서는 실질적으로 실험을 통하여 얻은 측정자료, 즉 데이터(data)들을 기입하는 것이므로 절대로 가짜로 적어 넣어서는 안 된다. 그리고 실험결과나 토의과정에서 본인의 주관적인 판단도 허용되지 않는다. 오로지 객관적인 사실만을 가지고 보고서를 작성해야 한다.

결과보고서는 다음과 같은 형태로 작성하면 무난하다.

(1) 실험자와 실험일자
(2) 실험환경 : 기온, 습도, 실험실 여건 등
(3) 실험목적과 원리
(4) 실험기구와 실험방법
(5) 측정값(data)
(6) 측정값의 처리 : 그래프 작성, 오차계산 등
(7) 측정결과와 오차해석
(8) 실험결과 논의
(9) 결론

여기서 실험의 목적과 원리는 예비보고서를 통하여 상세히 공부하였기 때문에 결과보고서에는 간단히 언급해도 된다. 다음 표는 실험결과 보고서의 가장 일반적인 형태를 보여주는 작성의 보기이다.

실험보고서

학과	학번	이름	공동실험자 : 제 조

실험일자	온도(℃)	습도(%)	기타

1. 제목

2. 목적

3. 원리

4. 기구 및 장치 (준비물)

5. 방법

6. 결과

7. 토의 및 결론

8. 참고문헌

1. 국제(SI)단위계

물리학은 물질 상호 간에 작용하는 힘들을 규명하는 학문이다. 따라서 물질의 여러 가지 기본성질은 물론 물질의 속도, 온도, 에너지 등을 직접 측정해야 한다. 그런데 이러한 측정이 가능하기 위해서는 물리량들에 대한 기본단위들(units)이 있어야 한다. 물리학을 비롯한 과학분야에서 보편적으로 사용하기 위한 기본단위 체계를 국제단위 체계라고 하며 보통 SI 단위계라고 부른다. 영어로는 International System이나 이를 SI라고 부르는 이유는 프랑스어이기 때문이다. 즉 SI는 프랑스어인 *Système International d' Unités*의 약자이다. 이중 3개의 기본물리량에 해당되는 것이 길이(meter ; m), 질량(kilogram ; kg), 시간(second ; s)이다. 이 외에 열역학과 전자기학 분야에서 3개의 기본단위가 추가된다. 즉, 온도단위로서의 켈빈(Kelvin ; K), 물질의 양을 나타내는 몰(mole ; mol), 전류를 나타내는 암페어(Ampère ; A)이다. 그리고 광도를 나타내는 칸델라(candela ; cd)가 있다.

2. 미터(meter ; m)

길이의 기본단위이다. 1 미터는 빛이 진공 중에서 1/299,729,458초 동안 간 거리이다. 따라서 빛의 속력은 299,729,458 m/s이다.

3. 초(second ; s)

시간의 기본단위이다. 세슘 – 133(^{133}Cs) 원자의 고유 진동수로 정의된다. 즉 1초는 ^{133}Cs 의 바닥상태의 두 초미세준위 사이에서 일어나는 천이시간의 9,192,631,770배이다.

4. 킬로그램(kilogram ; kg)

질량의 기본단위이다. 프랑스 파리의 국제 도량형국에 보관 중인 국제 킬로그램 원기(international prototype metal cylinder)의 질량으로 정의된다.

5. 암페어(ampère ; A)

전류의 기본단위이다. 1 암페어는 진공 속에서 1 m 평행하게 떨어진 두 개의 무한 도선 사이의 힘이 단위길이당 2×10^{-7} 뉴턴(Newton ; N)일 때 흐르는 전류이다.

6. 켈빈(kelvin ; K)

열역학 온도의 단위이다. 물의 삼중점 온도의 1/273.16에 해당되는 온도이다. 일상생활에서 사용되는 섭씨온도와의 관계는 0 ℃＝273.16 K이다.

7. 몰(mole ; mol)

탄소 12(^{12}C)의 0.012 kg(12 g)에 있는 원자수와 동일한 원소를 갖는 물질의 양으로 원자, 분자, 이온, 전자 등이 이에 속한다. 여기서 동일한 숫자를 아보가드로수(Avogadro's number)라고 부르며 6.023×10^{23}이다.

(8) 칸델라(candela ; cd)

빛의 세기의 단위이다. 1칸델라는 대기압 하에서 어는점에 있는 백금(platinum) 흑체의 1/600,000 제곱미터의 구멍으로 나오는 빛의 세기에 해당된다.

Quiz 01 물리량 중 속도의 크기는 단위시간당 길이로 정의된다. 위에서 든 기본단위로 나타내어라.

풀이 속도의 크기를 v로, 길이를 l로, 시간을 t로 표기하자. 그러면 $v = l/t$이 된다. 단위를 살펴보면 l은 미터(m), t는 초(s)이므로 속력의 단위는 m/s이다. ●●●

Quiz 02 물리량 중 가속도는 단위시간당 속도로 정의된다. 즉 속도에 대한 시간변화율이다. 가속도를 기본단위로 나타내어라.

풀이 단위시간당 속도의 크기이므로 가속도를 a로 표기하면 $a = v/t$이다. 이에 대한 단위는 (m/s)/s이고 정리하면 m/s^{2}이다. ●●●

Quiz 03 뉴턴의 운동방정식에 의하면 물체에 가해진 힘은 물체의 질량과 물체의 가속도의 곱으로 정의된다. 이때 힘의 단위를 뉴턴(N)이라고 부른다. 힘의 단위인 뉴턴을 기본단위로 나타내어라.

풀이 위와 같은 정의에 의하면 힘을 F라고 했을 때 $F = m \cdot a$이다. 이에 대한 기본단위들은 $(kg) \cdot (m/s^2)$이다. 따라서 $1\,N = (kg \cdot m)/s^2$이다. ●●●

Quiz 04 전기를 일으키는 물질의 기본속성의 물리량을 전하라고 부르며 그 단위를 쿨롱(Coulomb ; C)이라고 한다. 이러한 전하는 1 암페어의 전류를 1 초간 흐르게 할 수 있는 양이다. 전하의 단위를 기본단위로 나타내어라.

풀이 전하의 크기를 Q라 하고 전류를 I라고 표기하면 $Q = I \cdot t$이다. 이에 대한 단위는 $C = A \cdot s$이다. ●●●

표 1 **천단위 (10^3 혹은 10^{-3})에 대한 거듭제곱과 이에 대한 특별이름표** 센티 (centi)는 여기에 해당되지 않으나 본 교재에서 자주 사용되어 예외적으로 표기를 하였다.

천단위 거듭제곱	이름	약자
10^{12}	*tera*	T
10^{9}	*giga*	G
10^{6}	*mega*	M
10^{3}	*kilo*	k
10^{-2}	*centi*	c
10^{-3}	*milli*	m
10^{-6}	*micro*	μ
10^{-9}	*nano*	n
10^{-12}	*πco*	p
10^{-15}	*femto*	f

앞에서 우리는 숫자를 표시할 때 3개씩 끊어 표기를 했다. 예를 들면 빛의 속력의 숫자 표시를 299,729,458과 같이 하였다. 그런데 우리가 이러한 숫자를 읽고 바로 그 크기를 깨닫는 데는 시간이 걸릴 뿐만 아니라 상당히 불편하다는 느낌을 받는다. 왜 그럴까? 빛의 속력을 다음과 같이 적어보자.

2,9972,9458

우리는 단번에 "2억 9천 9백 7십 2만 9천 4백 5십 8"이라고 읽으며 그 크기를 알아볼 수 있다. 이러한 모순은 서양의 숫자단위 체계가 천(1,000) 단위임에 반해 우리나라는 만(10,000) 단위 체계이기 때문이다. 영어의 천 단어(thousand)는 있지만 만 단어(ten thousands)는 없다는 사실을 깨달아 보았는가? 표 1에서 나오는 숫자 단위에 대한 특별 이름들을 보라. 친숙한 단어들과 기호들이 많이 보일 것이다. 특히 *giga*, *mega* 등은 컴퓨터나 카메라 등의 저장장치 등의 용량에서 *nano* 는 나노기술 등에서 친숙하게 접하는 용어들이다.

5 측정값과 오차

실험은 반드시 측정(measurements)을 수반하게 된다. 이때 측정하는 과정에서 여러 가지 요인에 의해 오차(편차)가 발생한다. 사실상 참값이라는 것은 존재할 수 없으며 측정에 의하여 가장 신뢰할만한 값을 참값으로 삼는다. 그리고 참값을 정할 때 가장 중요한 것이 오차의 계산과 그 해석이다. 이때 오차의 범위를 줄이는 가장 효과적인 방법이 여러 번에 걸친 실험값의 측정이라 할 수 있다. 측정할 때마다 측정값은 달라지게 마련이다. 이렇게 달라지는 값들을 통계적으로 처리하여 가장 신뢰할만한 값을 얻는 것이 실험에 있어 가장 중요한 출발점이다. 따라서 측정에 대한 신뢰성의 확보와 참값에 대한 이해를 구하기 위해서는 우선 오차에 대한 기본적인 지식이 필요하다.

1. 오차의 정의

$$\varepsilon_i = x_i - t$$

ε_i : 측정오차, x_i : 측정값, t : 참값

+ 또는 −가 될 수 있으므로 그 절댓값($|\varepsilon_i|$)으로 오차의 크기 표시

상대오차(e_i) : 백분율로 표시

$$e_i = \frac{|x_i - t|}{t} \times 100(\%)$$

2. 오차의 분류

측정오차의 발생원인에 따른 분류

• 제작할 때 발생하는 기기의 불완전성과 마모손실 등에 의한 오차
• 측정 시 환경(온도, 습도 등)에 의해서 생기는 오차
• 근사식을 사용하여 생기는 오차
• 측정자에 의한 개인오차
• 계기의 취급부주의로 인해서 생기는 오차

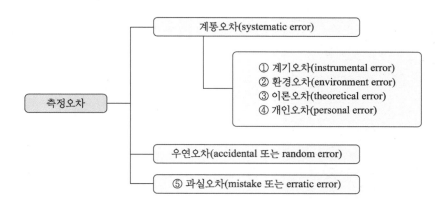

계통오차나 과실오차는 계기의 검정, 보정, 기술의 숙달 또는 주의 등으로 어느 정도 그 크기를 줄일 수 있다. 그러나 우연오차는 이 두 오차를 극소화하여도 우연히 발생하기 때문에 이에 대한 오차는 줄일 수 없다.

3. 정확과 정밀

계통오차와 우연오차를 구별하기 위해서 "정확"과 "정밀"이란 말을 사용하기도 한다.

예를 들면 측정에 계통오차가 작을수록 그 측정은 정확하다고 하며, 우연오차가 작을수록 그 측정은 정밀한 것이라고 한다.

4. 대푯값

(1) 대푯값

측정값 전체의 성질을 하나의 값으로 표시한 것

(2) 종류

① 평균값

$$\overline{x} = \frac{\displaystyle\sum_{i=1}^{n} f_i x_i}{\displaystyle\sum_{i=1}^{n} f_i} = \frac{x_1 f_1 + x_2 f_2 + \cdots + x_n f_n}{f_1 + f_2 + \cdots + f_n}$$

$\overline{x_i}$: 평균값, x_i : 측정값, f_i : 측정도수

② **중앙값**(M_e) : 측정값 전체를 크기대로 나열했을 때 중앙에 있는 측정값

③ **최빈값**(M_o) : 빈도수(frequency)가 가장 많이 나타나는 측정값

5. 분포

측정값 전체가 흩어져 있는 정도를 표시하는 값을 분포라고 한다.

(1) 범위

측정값(x_i) 중에서 | 최댓값 − 최솟값 |

(2) 평균편차(α)

측정값(x_i), 평균값($\overline{x}$), 편차(d_i), 총도수($\sum\limits_{i=1}^{n} f_i = N$)

$$\alpha = \frac{1}{N}\sum_{I=1}^{n}|d_i| = \frac{1}{N}\sum_{I=1}^{n}|x_i - \overline{x}|$$

(3) 표준편차(σ)

참값(t)을 알고 있는 경우의 표준편차(오차) σ_t는 다음과 같이 계산된다.

$$\sigma_t = \sqrt{\frac{1}{N}\sum_{i=1}^{n}(x_i - t)^2}$$

여기서, x_i는 측정값, t는 참값, $\sum\limits_{i=1}^{n} f_i = N$은 총빈도수를 나타낸다.

이와 반면에 실험에서 사용되는 표준편차(σ)와 분산(σ^2)은 다음과 같이 정의된다.

$$\sigma = \sqrt{\frac{1}{N-1}\sum_{i=1}^{N}(x_i - \overline{x})^2}$$

$$\sigma^2 = \frac{1}{N-1}\sum_{i=1}^{N}(x_i - \overline{x})^2$$

여기서 $\overline{x}$는 평균값으로 여러 번 측정한 값들에 대한 평균을 의미한다. 앞으로 실험을 하는 과정에서 이러한 평균값을 구하는 것이 가장 중요하다는 사실을 알게 될 것이다.

6. 유효숫자

측정값의 정밀도는 측정값 전부를 확실하게 알고 있는 숫자들에 예측된 숫자 하나를 첨가하여 표현된다. 이때 전체 숫자의 개수를 유효숫자(significant figure)라고 부른다.

보통 측정값에서 유효숫자의 개수는 쉽게 찾을 수 있지만 영이 있으면 혼란에 빠질 수 있다. 다음의 보기들을 보자.

- 6.607 m : 4개의 유효숫자(6, 6, 0, 7)
- 0.00783 kg : 3개의 유효숫자(7, 8, 3)
- 34.760℃ : 5개의 유효숫자(3, 4, 7, 6, 0)
- 78,400 m ; 3개(7, 8, 4)에서 5개(7, 8, 4, 0, 0)의 유효숫자

(1) 유효숫자의 표기법

유효숫자의 표기에는 다음과 같은 규칙이 적용된다.

① 수의 중간에 있는 영(0)은 다른 숫자들과 동등하게 취급된다. 따라서 6.607 m는 4 개의 유효숫자를 갖는다.

② 수의 처음에 오는 영(0)은 유효하지 않다. 단지 자릿수를 표시할 뿐이다. 따라서 0.00783 kg은 3 개의 유효숫자만을 갖는다. 이 경우 0.00783은 보통 7.83×10^{-3}으로 표기되며 이를 과학적 표기법이라고 한다.

③ 소수점 뒤에 있는 수의 마지막의 영(0)은 언제난 유효한 숫자이다. 왜냐하면 유효하지 않다고 하면 쓸 필요가 없기 때문이다. 따라서 위 보기 3번에서의 34.760의 유효숫자는 5개이다.

④ 소수점 앞에 오고 수의 끝 쪽에 있는 영(0)은 유효할 수도 있고 유효하지 않을 수도 있다. 즉, 측정값의 일부인지 아니면 자릿수를 나타내기 위한 것인지 구별할 수 없다. 따라서 4번의 78,400의 유효숫자는 3개일 수도 있고 5개일 수도 있다. 이 경우 과학적 표기법으로 표현하면 유효숫자가 명확하게 드러난다. 즉 7.84×10^{4}이면 유효숫자는 3개, 7.840×10^{4}이면 4개, 7.8400×10^{4}이면 5개가 된다.

이상을 종합하면 다음과 같다.

3.12×10^{-3} ; 유효숫자는 3.12이다.

3.1×10^{-3} ; 유효숫자는 3.1이다.

3×10^{-3} ; 유효숫자는 3이다.

3.00×10^{-3} ; 유효숫자는 3.00이다.

(2) 측정값의 덧셈과 뺄셈

측정값을 더하거나 뺄 때 답은 본래의 두 수보다 더 많은 자릿수를 소수점 오른쪽으로 가질 수 없다.

> [보기] 두 길이를 서로 다른 자로 측정해서 각각 4.5 cm(유효숫자 2), 0.3352 cm(유효숫자 4)를 얻었다고 한다. 이 경우 덧셈(또는 뺄셈)은 다음과 같이 한다.

$$
\begin{array}{cc}
4.5\text{XX} & 4.5 \\
+)\ 0.3352 & +)\ 0.33 \\
\hline
4.8\text{YY} = & 4.83 \\
\end{array}
$$

답은 4.8 cm가 된다.

(3) 측정값의 곱셈과 나눗셈

곱하거나 나누기를 할 때 답은 원래의 두 수보다 더 많은 유효숫자를 가질 수 없다.

예를 들면 두 길이를 곱하는 경우

$$4.5 \times 0.34 = 1.530 = 1.5(cm^2)$$

이다.

답에서 숫자를 버릴 때 숫자의 반올림에 대한 규칙은 다음과 같다.

① 버리려는 첫 번째 자리의 숫자가 5보다 작으면 그것과 뒤따르는 모든 자리의 숫자들을 버리고 반올림한다.

[보기] 4.673508(유효숫자 3개) → 4.67.

② 버리려는 첫 번째 자리의 숫자가 6 이상이면 버리려는 숫자의 바로 왼편 숫자에 1을 더하며 반올림한다.

[보기] 4.673508(유효숫자 2개) → 4.7.

③ 만약 버리려는 첫 번째 자리의 숫자가 5이고 영이 아닌 숫자가 더 뒤에 따르면 버리려는 숫자의 바로 왼편 숫자에 1을 올리며 반올림한다.

[보기] 4.673508 (유효숫자 4개) → 4.674.

④ 버리려는 자리의 숫자가 뒤따르는 숫자가 없는 5라면 5의 바로 왼편 숫자가 홀수이면 임의로 반올림하여 올린다. 이와 반면에 짝수이면 임의로 반올림하여 내린다.

[보기] 7.8655(유효숫자 4개) → 7.866, 7.8665(유효숫자 4개) → 7.866.

1. 길이 및 곡률반경 측정
2. 중력가속도 측정 (단진자)
3. 포물선운동
4. 에너지 보존법칙 (탄동진자)
5. 힘의 평형 I
6. 힘의 평형 II
7. 중력가속도 측정 (포토게이트)
8. 훅(Hooke)의 법칙
9. 에너지 보존 (단진자)
10. 선운동량 보존 (2차원 탄성충돌)
11. 관성모멘트 측정
12. 음속측정 (기주공명)
13. 소리공명
14. 작용-반작용 (물 로켓)
15. 금속의 밀도측정
16. Young률 측정
17. 고체의 선팽창계수 측정
18. 전기적 열의 일당량 측정
19. 등전위선 측정
20. 멀티테스터 작동법
21. 키르히호프의 법칙
22. 자기장과 유도기전력 (Faraday 법칙)
23. 반도체 다이오드 특성 측정
24. 트랜지스터의 특성 측정
25. 렌즈의 곡률반경 측정 (Newton Ring)
26. 빛의 반사와 굴절실험
27. 편광실험 (브루스터각)
28. Young의 간섭실험
29. 렌즈의 초점거리 측정 (볼록렌즈)
30. 오실로스코프 작동법

2
Part

1 길이 및 곡률반경 측정

1 목적 >>>

버니어캘리퍼스(vernier calipers), 마이크로미터(micrometer)를 이용하여 물체의 길이, 구의 직경, 원통의 내경과 외경 그리고 얇은 판의 두께 등을 측정한다. 이를 바탕으로 물체들의 면적 혹은 체적(부피)을 계산하여 물리적인 양들인 밀도, 압력 등을 구하는 데 사용된다. 구면경 또는 렌즈의 곡률반경은 구면계(spherometer)를 이용하여 측정한다.

2 원리 >>>

1. 버니어캘리퍼스(vernier calipers)

그림 1처럼 버니어가 달린 캘리퍼스를 버니어캘리퍼스라고 한다. 이 버니어는 1631년 이를 발명한 Pierre Vernier의 이름을 딴 것이다.

이 버니어는 부척이라고도 하며 자의 최소눈금을 1/10까지 또는 그 이상의 정밀도까지 읽을 수 있도록 고안된 장치이다. 이 버니어는 주척의 9눈금을 10등분하여 눈금을 만든 것이다. 따라서 버니어의 한 눈금은 주척의 눈금보다 1/10만큼 짧게 되어 있다. 따라서 주척의 한 첫 번째 눈금과 버니어의 첫째 눈금을 일치시키면 버니어는 주척의 눈금의 1/10만큼 이동하게 된다.

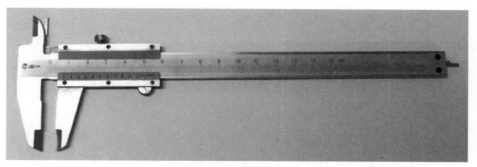

그림 1 버니어캘리퍼스

이와 같은 원리로 버니어의 n번째 눈금이 주척의 눈금과 일치하고 있으며, 주척의 $n/10$ 눈금만큼 이동하게 된다. 일반적으로 주척의 최소눈금을 $1/n$까지 읽으려면, 주척의 $(n-1)$눈금을 n등분하여 버니어를 만들거나 또는 주척의 $(n+1)$눈금을 n등분한 눈금을 사용하기도 한다.

(1) 1/10 vernier calipers (또는 0.1 mm vernier calipers)

이 버니어는 주척의 9 눈금을 10등분하여 눈금을 만든 것이며 이렇게 함으로써 버니어의 한 눈금은 주척의 눈금보다 1/10만큼 짧게 되어 있다. 따라서 주척의 한 첫 번째 눈금과 버니어의 첫째 눈금을 일치시키면 버니어는 주척의 눈금의 1/10만큼 이동하게 된다. 이와 같은 원리로 버니어의 n번째 눈금이 주척눈금과 일치하고 있으며, 주척의 $n/10$눈금만큼 이동하게 된다.

(2) 1/20 vernier calipers (또는 0.05 mm vernier calipers)

원리는 1/10 버니어캘리퍼스와 같으며 좀 더 정밀히 읽기 위하여 주척의 19 눈금을 20등분하거나 주척의 39 눈금을 20등분한 캘리퍼스이다.

이 캘리퍼스로는 0.05 mm까지 측정할 수 있다. 그림 2를 보라.

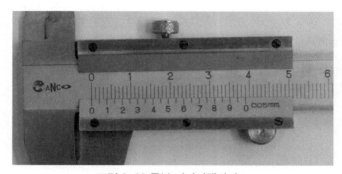

그림 2 20 등분 버니어캘리퍼스

(3) 1/50 vernier calipers (또는 0.02 mm vernier calipers)

주척의 49 눈금을 50등분한 캘리퍼스로서 0.02 mm까지 측정할 수 있다.

2. 마이크로미터(micrometer)

마이크로미터는 보통 그림 3과 같은 형태를 갖는다. 아주 얇은 판(thin film)의 두께나 머리카락과 같은 가는 물체들의 직경을 재는 데 사용된다. 중요한 부분의 명칭과 그 역할은 다음과 같다.

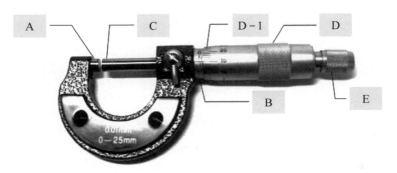

그림 3 50 등분 마이크로미터

- 어미자[B] : 대부분의 마이크로미터 나사의 피치(pitch)는 1/2 mm이고 어미자의 눈금은 회전수가 아닌 mm수를 나타낸다.
- 손잡이(Thimble)[D] : 왼쪽 끝의 원추면에는 원주를 50(혹은 100)등분한 눈금(아들자 눈금)이 그어져 있고, 그 눈금의 영점은 A와 C의 단면이 맞닿았을 때 B의 눈금의 영점과 일치하도록 되어 있다. 나사의 피치가 0.5 mm인 것은 D를 두 바퀴 돌렸을 때 C가 1 mm 진행한다. 그림 3을 보라.
- 아들자[D-1] : 아들자에는 50개의 눈금이 있으므로 이 눈금 하나는 1/50 회전 또는 0.01 mm만큼 스핀들[C]을 진행하게 한다. 아들자는 한 눈금의 1/10까지 눈어림으로 읽어야 하므로 길이를 1/1,000 mm까지 측정하게 된다.
- 돌리개(Ratchet Stop)[E] : 이것은 용수철의 작용으로 A·C 사이의 압력이 일정한 압력에 달하면 헛돌게 하여 손잡이가 더 이상 진행하지 않도록 고안된 장치이다.

3. 준비물 >>>

(1) 버니어캘리퍼스
(2) 시료 1(버니어캘리퍼스용)
(3) 마이크로미터
(4) 시료 2(마이크로미터용)
(5) 계산기(개별 준비)

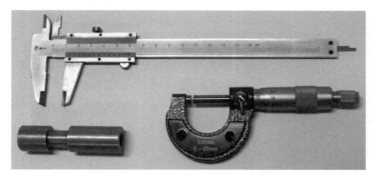

그림 4 실험준비물

4. 방법 >>>

1. 버니어캘리퍼스(vernier callipers)

❶ 그림 4와 같이 준비물을 확인한다.

❷ 그림 5와 같이 버니어캘리퍼스를 사용하여 (A), (B), (C) 부분을 10회씩 측정하여 기록한다.

❸ 측정이 끝나면 반드시 고정나사를 죄어 버니어를 고정시킨다. 고정나사가 분실되지 않도록 주의하라.

그림 5 시료의 측정부위 (A), (B), (C)

2. 마이크로미터(micrometer)

❶ 마이크로미터와 시료를 준비한다.

❷ 마이크로미터의 고정걸쇠를 푼 다음 그림 6에서 A와 C 사이에 아무 것도 끼우지 않고 E를 아주 천천히 돌린다. A와 C가 접하면 E가 헛돈다('틱~틱~틱' 소리 3번). 이때의 B를 기준으로 D와 일치하는 점을 영점으로 한다. 10회 반복하여 평균영점값을 확인한다.

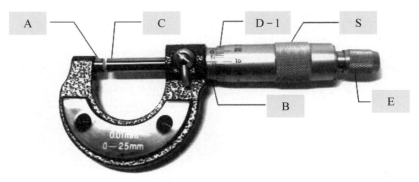

그림 6 마이크로미터

❸ 영점을 확인한 후 시료—머리카락, 종이 등—의 두께를 차례로 10회씩 측정한 후 앞에서 측정한 값을 보정('더하기'혹은 '빼기')하여 평균값과 표준오차를 계산한다(그림 7과 8 참조).

그림 7 영점조절이 잘되어 있는 마이크로미터

 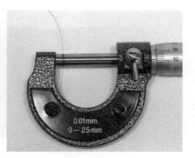

그림 8 영점조절 후 시료(머리카락)의 두께 측정

5 결과

실험 1 측정값 및 계산

• 버니어캘리퍼스 시료 1 (단위 :   )

	측정값(A)		측정값(B)		측정값(C)	
	측정값	편차	측정값	편차	측정값	편차
1회						
2회						
3회						
4회						
5회						
6회						
7회						
8회						
9회						
10회						
평균값						
표준오차						

실험 2 측정값 및 계산

• 마이크로미터 시료 2 (단위 :   )

	시료명( )		시료명( )		시료명( )	
	측정값	편차	측정값	편차	측정값	편차
1회						
2회						
3회						
4회						
5회						
6회						
7회						
8회						
9회						
10회						
평균값						
표준오차						

6 토의 및 결론 >>>

7 참고문헌 >>>

2 중력가속도 측정(단진자)

1 목적

>>>

단진자의 주기와 길이와의 관계를 이용하여 중력가속도의 값을 측정하는 실험이다.

그림 1과 같이 무게를 무시할 수 있는 줄(가는 철사 등)의 한 끝에 매달려 주기적인 진동운동을 하는 물체를 단진자라고 부른다. 이때 단진자가 진동운동을 하는 힘의 근원은 중력에서 나온다.

2 원리

>>>

그림에서처럼 연직선에 대하여 작은 각도를 유지하며 진동하는 단진자의 주기를 구해보자. 이 문제를 에너지 보존법칙을 이용하여 풀어보기로 한다. 먼저 추의 퍼텐셜 에너지를 구하자. 가장 낮은 곳, 즉 각도가 0인 곳에서 높이 h 만큼 올라가 진동한다면 최대높이에서의 퍼텐셜 에너지는 다음과 같다.

$$U = mgh = mgL(1 - \cos\theta)$$

만약 각도가 10° 정도로 작다면 $\cos\theta$의 값은 1의 값에 가깝다($\cos 10° = 0.985$). 이렇게 각도가 작을 때 $\cos\theta$ 는 다음과 같은 형태로 급수전개가 된다. 즉,

$$\cos\theta = 1 - \frac{\theta^2}{2!} + \frac{\theta^4}{4!} - \cdots$$

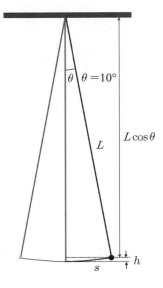

단진자(simple pendulum)가 작은 각도(그림에서는 10도)를 유지하며 진동운동을 하면 평형위치와 최고높이 사이만큼 퍼텐셜 에너지의 변화가 생긴다.

그림 1 단진자운동

이다. 단 각도는 rad 이다. 따라서 각 변위가 작은 경우에는 근사적으로

$$\cos\theta = 1 - \frac{\theta^2}{2}$$

로 써도 무방하다(각도가 10도인 경우 직접 비교해보라.).

그러면 퍼텐셜 에너지는

$$U = mgL\left(1 - 1 + \frac{1}{2}\theta^2\right) = \frac{1}{2}mgL\theta^2$$

이 된다. 진자가 움직이는 궤적은 원호이며 이를 s 라 하면 $s = L\theta$ 이고 퍼텐셜 에너지를 변위 s 로 나타내면 다음과 같이 된다.

$$U = \frac{1}{2}mgL\left(\frac{s}{L}\right)^2 = \frac{1}{2}\left(\frac{mg}{L}\right)s^2$$

식 9.22는 변위를 x 대신 s 로 표기한 탄성 퍼텐셜 에너지 형태와 동일한 모습이다. 즉,

$$U_s = \frac{1}{2}kx^2$$

에서

$$k = \frac{mg}{L}$$

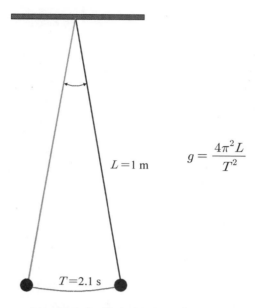

$L = 1\,\mathrm{m}$

$$g = \frac{4\pi^2 L}{T^2}$$

$T = 2.1\,\mathrm{s}$

그림 2 단진자운동에 의한 중력가속도 측정

의 관계를 얻는다. 그러므로 구하고자 하는 진동수는

$$f = \frac{1}{2\pi} \sqrt{\frac{k}{m}} = \frac{1}{2\pi} \sqrt{\frac{g}{L}}$$

이다. 그리고 주기는 다음과 같다.

$$T = 2\pi \sqrt{\frac{L}{g}}$$

우리는 일반물리실험실에서 단진자 장치를 통하여 위 식을 이용하여 지구의 중력가속도를 구할 수 있다.

Quiz 01 그림 2와 같은 장치를 이용하여 중력가속도를 구하는 실험을 하고 있다. 철사의 길이는 1 m이다. 실험자는 진자의 왕복진동이 10번 일어나는 동안 시간을 여러 번 측정하여 평균 21초가 걸린다는 결과를 얻었다. 이로부터 중력가속도를 구하라.

풀이 주기는 $T = \dfrac{21}{10}\,\mathrm{s} = 2.1\,\mathrm{s}$ 이다. 식 9.25로부터 중력가속도는

$$g = \frac{4\pi^2 L}{T^2}$$

이다. 따라서

$$g = \frac{(4)(3.14)^2(1.0\,\mathrm{m})}{(2.1\,\mathrm{s})^2} = 8.94\,\mathrm{m/s}^2$$

이다. 이 결과는 중력가속도의 실제 값인 $9.81\,\mathrm{m/s}^2$보다 약 9% 정도 낮은 값이다. 보다 정확한 결과를 얻기 위해서는 추의 길이를 길게 하고 각도를 10도 이하로 잡아야 한다. ●●●

3 준비물 >>>

- 진자용 추
- 줄자
- 초시계
- 실
- 버니어캘리퍼스
- 직각자

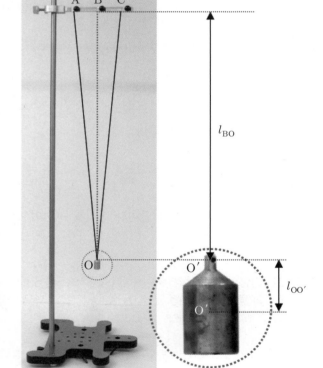

그림 3 실험준비물 및 설치

4 방법

❶ 그림 2처럼 설치하고 추의 무게중심까지의 길이($l_{OO'}$)를 측정한다. 진자의 길이($l_{BO'} = l_{BO} + l_{OO'}$)가 100 cm가 될 수 있도록 실의 길이($\overline{AO} + \overline{CO}$)를 조절한 후 A, C 지점의 볼트를 사용하여 실이 움직이지 않도록 고정시킨다. 줄자를 이용하여 실의 0, 100, 200 cm 지점에 펜으로 표시한 후 추를 달고 A, C에 실을 고정한 후 추의 위치는 표시한 중심지점에 위치되도록 한다.

❷ 설치가 되었으면 진자의 길이를 산출하여 표에 기록한다. 추의 무게중심까지 길이($l_{OO'}$)는 추의 모양을 고려해야 하며, l_{BO}의 길이는 △AOC의 중심선이므로 $\overline{AC}$와 $\overline{AO} + \overline{CO}$를 이용해 구할 수 있다.

❸ 진자운동의 진폭을 5° 이하로 제한하기 위해 아래 수식을 이용해 중심의 연직선상으로부터 진자의 길이에 따른 거리를 결정한 후 운동을 시작시킨다(ex. 1 m · sin5°＝100 cm · 0.087 ≃ 9 cm(진자길이 1 m인 경우)).

$$\frac{A}{2} \cong l_{BO'} \cdot \sin(5°)$$

❹ 진자의 운동이 안정적일 때 측정자의 기준점에서 초시계를 시작시켜 왕복시간(T)을 측정하고 아래 수식을 사용하여 중력가속도(g)를 산출한다.

$$g = \frac{4\pi^2}{T^2} \cdot l$$

❺ 진자의 길이를 약 50 cm로 조절한 후 위와 같은 방법으로 실험한다.

5 결과

실험 1 측정값 및 계산

측정 횟수	진자길이(l)			왕복횟수	소요시간(t_1)	왕복횟수	소요시간(t_2)	$T_{100} = (t_2 - t_1)$	중력 가속도
	실의 길이	추의 반경	총길이						
단위									
1				10		110			
2				20		120			
3				30		130			

(계속)

측정 횟수	진자길이(l)			왕복횟수	소요시간(t_1)	왕복횟수	소요시간(t_2)	$T_{100} = (t_2 - t_1)$	중력 가속도
단위	실의 길이	추의 반경	총길이						
4				40		140			
5				50		150			
6				60		160			
7				70		170			
8				80		180			
9				90		190			
10				100		200			
평균				평균		평균			
표준 편차				표준 편차		표준 편차			

[질문] 중력가속도를 $9.8 \, \text{m/s}^2$로 하고 위 실험값의 퍼센트 오차를 구해보라.

실험 2 측정값 및 계산

측정 횟수	진자길이(l)			왕복횟수	소요시간(t_1)	왕복횟수	소요시간(t_2)	$T_{100} = (t_2 - t_1)$	중력 가속도
단위	실의 길이	추의 반경	총길이						
1				10		110			
2				20		120			
3				30		130			
4				40		140			
5				50		150			
6				60		160			
7				70		170			
8				80		180			
9				90		190			
10				100		200			
평균				평균		평균			
표준 편차				표준 편차		표준 편차			

[질문] 중력가속도를 $9.8 \, \text{m/s}^2$로 하고 위 실험값의 퍼센트 오차를 구해보라.

6 토의 및 결론 >>>

7 참고문헌 >>>

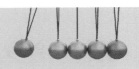

3 포물선운동

1 목적 >>>

중력을 받아 포물선운동을 하는 포사체의 궤적을 뉴턴의 운동방정식을 이용하여 구해보는 실험이다. 이때 물체의 운동을 수평방향과 수직방향의 성분으로 나누어 관찰하면 물체의 운동에 대한 속성(관성)을 이해하게 되며 중력에 대한 뉴턴의 운동방정식이 얼마나 유용한 것인지를 깨닫게 된다. 실험 측정값들을 그래프에 그리고 이론방정식에 의한 운동곡선과 비교를 한다. 그리고 그 결과를 도출하게 되면 모든 과학 또는 공학의 실험에 대한 기초학력이 마련된다. 이것이 곧 이 실험의 큰 목적이다.

2 원리 >>>

중력을 받으며 운동하는 포사체의 운동은 공기의 마찰을 무시하면 수평방향으로는 등속운동을 하고 수직방향으로는 등가속도운동을 한다. 수평방향에 대해 θ만큼 기울어진 각도로 v_0의 초속도로 발사된 물체의 수평방향의 속도는 $v_0\cos\theta$이고, 수직방향의 속도는 $v_0\sin\theta - gt$이다. 여기에서 g는 중력가속도, t는 발사 후 경과한 시간이다. 따라서 출발점을 기준으로 할 때 수평방향의 위치는 $x = v_0 t \sin\theta$이고, 수직방향의 위치는

$$y = v_0 t \sin\theta - \frac{1}{2}gt^2$$

이다.

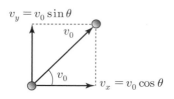

그림 1 초기속도(v_0)의 성분속도

포사체가 최고높이(y_{max})에 이르는 순간(t_{max})에는 수직방향의 속도는 0이 되므로 $v_0\sin\theta - gt_{max} = 0$이다. 따라서 최고도달높이 y_{max}는 (1)과 같다.

$$y_{max} = \frac{(v_0\sin\theta)^2}{2g} \tag{1}$$

포사체가 떨어지는 곳에서는 수직방향의 위치가 0이 되므로 (2)와 같이 결정된다.

$$x_{max} = \frac{v_0{}^2\sin2\theta}{g} \tag{2}$$

초기속도(v_0)를 실험적으로 결정하기 위해서 탁자 위에서 발사총을 수평으로 두고 공을 쏘아 바닥에 떨어뜨린다. 이때 공의 수평이동거리는 $x = v_0 t$이고, 수직이동거리는 $y = -\frac{1}{2}gt^2$이므로 두 값을 재면 초기발사속도(v_0)는 (3)과 같다.

$$v_0 = x\sqrt{\frac{g}{2y}} \tag{3}$$

3 준비물　　　　　　　　　　　　　　　　　　　　　　　　　　>>>

- 실험장치대
- 발사총 및 쇠구슬
- 서포트 잭
- 클램프
- 미터자
- 연직추
- 흰 종이와 먹지

그림 2 실험준비물

실험 1 수평방향 운동 실험

❶ 그림 3과 같이 책상 한쪽 끝에 발사지지대를 단단히 고정하고, 발사총이 수평방향이 될 수 있도록 각도기를 통해 조절하고 단단히 고정시킨다.

❷ 발사총의 발사강도는 공간크기를 고려하여 그 단계를 결정한다.

❸ 공을 수평으로 발사하여 실험실 바닥에 떨어지게 하고, 그곳에 흰 종이를 테이프로 고정시키고 그 위를 먹지로 덮는다.

❹ 발사총구 끝에 연직추를 달아 실험실 바닥에 기준점을 표시하고, 이 점으로부터 총구까지의 높이와 먹지에 표시된 도달지점까지의 거리를 측정하여 표에 기록한다.

❺ 측정된 수직거리와 수평거리를 다음 수식을 써서 실험값 초기속도(v_0)를 산출하고 결과를 기록한다.

$$v_0 = x \sqrt{\frac{g}{2y}}$$

❻ 같은 실험을 여러 번 반복한다.

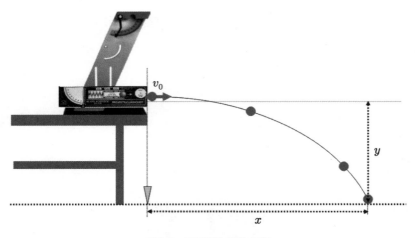

그림 3 수평방향 운동 실험

실험 2 포물선운동 실험

❶ 그림 4와 같이 책상 한쪽 끝에 발사지지대를 단단히 고정한다.

❷ 발사각을 표를 참고하여 조절한다.

❸ 발사총의 발사강도를 중간정도로 하고 쇠구슬을 넣은 다음 시험발사하여 공의 낙하지점을 확인한다.

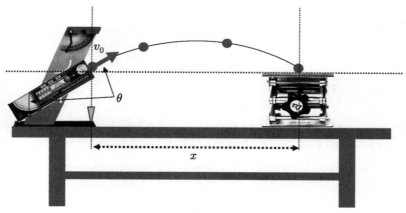

그림 4 포물선운동 실험

❹ 공의 낙하지점에 총구와 같은 높이로 서포트 잭의 높낮이를 조절하여 위치시키고, 그 위에 흰 종이를 붙인 다음 먹지로 덮는다.

❺ 쇠구슬을 여러 번 발사하여 낙하지점까지의 평균도달거리(R)를 기록한다.

❻ 발사각을 표에 따라 조절해 가며 위의 실험을 되풀이한다.

❼ 이 실험결과를 가지고 발사각에 따른 도달거리의 변화를 보여주는 그래프를 그림 5에 그린다.

❽ 발사각이 30°인 경우와 60°인 경우의 도달거리를 비교해보라. 과연 같은가?

❾ 도달거리가 최대인 발사각은 얼마인가?

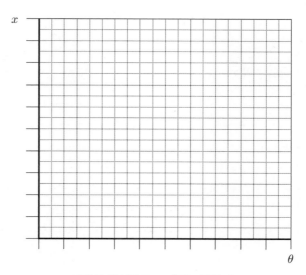

그림 5 발사각도 vs 수평도달거리

실험 1 수평방향 운동

횟수	측정 수평도달거리(x) 단위 : (　　　)	측정 수직거리(y) 단위 : (　　　)	초기발사속도(v_0) 계산 단위 : (　　　)
1			
2			
3			
4			
5			
6			
7			
8			
9			
10			
평균			

수평방향의 초기발사속도(v_0) 계산 : $v_0 = x\sqrt{\dfrac{g}{2y}}$

실험 1 포물선운동($v_0 = $　　　　) 단위(　　　)

횟수	15° 도달거리(x)	30° 도달거리(x)	45° 도달거리(x)	60° 도달거리(x)	75° 도달거리(x)
1					
2					
3					
4					
5					
평균					
수평도달거리(x) 계산					
| 측정값 – 계산값 |					

발사각에 따른 수평도달거리(x) 계산 : $x = \dfrac{v_0{}^2\sin 2\theta}{g}$

6 토의 및 결론

7 참고문헌

4 에너지 보존법칙(탄동진자)

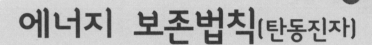

1 목적   >>>

탄동진자에 의하여 탄환의 속도를 구하고 운동량 보존법칙의 성립을 확인한다. 이로부터 에너지 보존법칙의 성립을 확인한다.

2 원리   >>>

질량 M인 탄동진자에 속도가 v_b이고, 질량이 m인 탄환을 수평방향으로 쏘면, 충돌 전의 탄환의 운동량은 충돌 후의 진자(질량 : $M+m$)의 운동량과 같아진다. 즉, 충돌 전후에 운동량이 보존된다.

$$mv_b = (M+m)V_P \qquad\qquad (1)$$

$$v_b = \frac{M+m}{m}V_P$$

그림 1과 같이 탄환이 박힌 진자가 속도(V_P)를 얻게 되면 흔들리게 된다. 이때 진자의 무게중심(탄환포함)의 높이(h)가 최대가 되었을 때에 그 운동에너지는 완전히 위치에너지로 변하게 되며 에너지 보존법칙으로부터,

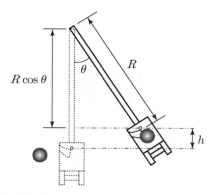

그림 1 탄동진자를 이용한 발사속도 측정

$$\frac{1}{2}(M+m)\,V_p^2 = (M+m)gh \tag{2}$$

이고 그러면

$$V_p = \sqrt{2gh} \tag{3}$$

가 된다. 그리고

$$v_b = \frac{M+m}{m}\sqrt{2gh} \tag{4}$$

이다. 여기서 h는 진자의 최고높이로

$$h = R(1 - \cos\theta) \tag{5}$$

이다. 여기서 R은 진자의 끝에서부터 탄환과 진자의 질량중심까지의 거리에 해당된다.
  그러면 식 (4)는 다음과 같이 정리된다.

$$v_{b진자} = \frac{M+m}{m}\sqrt{2gR(1 - \cos\theta)} \tag{6}$$

  탄환의 초기속도는 그림 2와 같이 탄동진자를 테이블의 가장자리에 고정하고 탄환을 수평으로 발사하여 땅에 떨어지게 되는 사정거리를 구하면 얻을 수 있다. 탄환이 발사되어 땅에 떨어질 때까지의 시간을 t라 하면 연직거리(H)는

$$H = \frac{1}{2}gt^2 \tag{7}$$

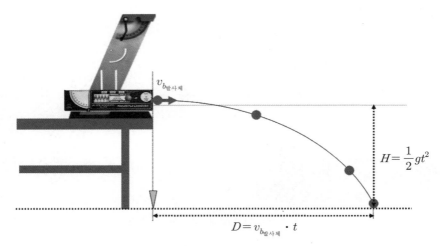

$$H = \frac{1}{2} g t^2$$

$$D = v_{b_{발사체}} \cdot t$$

그림 2 수평방향 운동을 이용한 탄환의 발사속도 측정

이고, 수평거리(D)는

$$D = v_{b_{발사체}} \cdot t \tag{8}$$

이므로, t를 소거하면

$$v_{b_{발사체}} = D \sqrt{\frac{g}{2H}} \tag{9}$$

의 결과를 얻는다. 즉 D, H를 측정하여 $v_{b_{발사체}}$를 구하는 것이다.

3 준비물 〉〉〉

- 실험장치대
- 클램프
- 발사총(3단 발사 가능)
- 진자
- 발사 구
- 추가질량
- 연직추
- 흰 종이와 먹지

그림 3 실험준비물

4 방법 >>>

① 탄동진자를 테이블의 가장자리로 위치시키고 장치의 각도기를 통해 진자가 연직상태인지를 확인한다. 이때 각도지시침을 진자와 접촉시켰을 때 지시침이 0°(각도 기준점)가 되도록 한다.

② 발사총의 위치를 조절하여 진자의 끝과 발사총의 끝이 살짝 닿도록 한 후 발사총이 움직이지 않도록 고정시킨다.

③ 진자를 위로 살짝 들어올린 후 장전손잡이를 이용하여 발사체의 세기를 1단으로 조정한 후 탄환을 조심스레 발사체 안으로 넣는다.

④ 진자와 발사체가 잘 접해 있는지 확인하고 각도지시침이 0°가 되는지 확인한다.

⑤ 방아쇠를 살짝 들어올려 탄환을 발사시키고, 각도기를 통해 진자의 회전각도를 측정하여 기록한다.

⑥ 이 과정을 5번 반복하여 기록하고, 발사체의 세기를 변화하면서 같은 방법으로 실험한다.

⑦ 저울을 사용하여 실험에 사용한 탄환의 질량(m)과 진자의 질량(M)을 구한다.

⑧ 그림 4처럼 탄환이 박힌 상태에서 진자의 끝에서 질량중심까지의 거리(R)를 측정하여 기록한다. 질량중심까지의 거리는 진자추가 질량을 변화시킬 때마다 변하므로 진자 고정나사를 풀어 수평으로 놓은 다음 적당한 받침대를 사용하여 질량중심의 위치를 결정한다.

⑨ 이상의 실험 데이터로부터 아래 식을 이용하여 탄환의 초기속도($v_{b진자}$)를 산출한다.

$$v_{b진자} = \frac{M+m}{m}\sqrt{2gR(1-\cos\theta)}$$

⑩ 수평방향 운동을 이용해 진자의 발사속도($v_{b진자}$)를 구하기 위해 진자 고정나사를 풀어 진자를 제거하고 발사체를 1단으로 조절한다. 탄환을 장전하고 발사하여 탄환이 떨어지는 지점을 확인한다.

⑪ 탄환이 떨어진 지점을 중심으로 바닥에 종이를 깔고 테이프로 고정한 다음 그 위에 먹지를 놓는다. 먹지는 고정할 필요가 없다.

⑫ 다시 발사체를 1단으로 조절하여 탄환을 발사한다. 이 실험을 5번 반복한다.

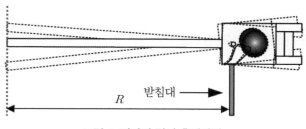

R 받침대 →

그림 4 진자의 길이 측정방법

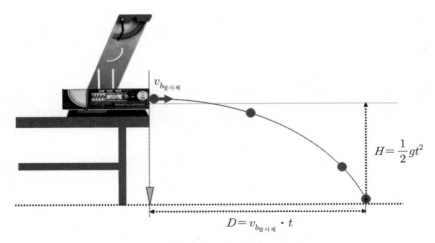

$$D = v_{b_{발사체}} \cdot t$$

그림 5 수평방향 운동을 이용한 탄환의 발사속도 측정

⑬ 수직추를 이용하여 발사체의 끝에서부터 바닥까지의 위치를 결정하고, 발사체의 끝에서부터 바닥까지의 높이(H)와, 바닥에서부터 탄환이 떨어진 위치까지의 거리(D)를 측정한다. 그림 5를 보라.

⑭ 이상의 값들을 아래 식에 대입하여 발사체에서 구한 초기속도($v_{b_{발사체}}$)와 진자에서 구한 초기속도($v_{b_{진자}}$)의 값을 비교하여 운동량 보존법칙이 성립하는지를 확인한다.

$$v_{b_{발사체}} = D\sqrt{\frac{g}{2H}}$$

⑮ 진자의 추의 질량을 변화시키면서 같은 실험을 반복한다. 진자의 추에 질량의 변화가 오면 질량중심의 위치가 변한다는 사실에 유의하라.

5 결과 >>>

1. 측정값 및 계산

A. 탄동진자에 의한 초기속도 구하기(단위 :   )

세기 \ 횟수	1	2	3	4	5	평균	$v_{b_{진자}}$
1단							
2단							
3단							

탄환(쇠구슬)의 질량(m) :

진자의 질량(M) :

진자의 끝에서 질량중심까지의 거리(R) :

탄동진자에 의한 탄환의 초기속도 : $v_{b진자} = \dfrac{M+m}{m}\sqrt{2gR(1-\cos\theta)}$

B. 발사체에 의한 탄환의 초기속도 구하기(단위 :   )

세기＼거리	연직높이(H)	수평이동거리(D)						$v_{b발사체}$
−	−	1	2	3	4	5	평균	
1단								
2단								
3단								

발사체에 의한 초기속도 : $v_{b발사체} = D\sqrt{\dfrac{g}{2H}}$

C. 운동량 보존의 법칙 확인

세기＼초기속도	$v_{b진자}$	$v_{b발사체}$	오차(%)
1단			
2단			
3단			

실험오차 계산 :

$$\dfrac{|v_{b진자} - v_{b발사체}|}{v_{b진자}} \times 100 = \qquad\qquad\qquad (\%)$$

6 토의 및 결론 >>>

7 참고문헌 >>>

5 힘의 평형 I

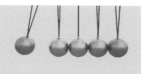

1. 목적

이 실험은 힘과 힘의 합성이 어떻게 벡터로 분해되고 해석되는지를 이해하기 위한 가장 기초적인 실험종목이다.

힘의 평형장치를 이용하여 평형상태의 벡터 분해와 합성을 이해하고, 역학실험판과 평형대를 이용하여 회전평형상태에서의 토크에 대해 알아보기로 한다.

2. 원리

물체의 평형상태라 함은 물체가 원래의 상태를 변함없이 계속 유지하고 있는 것을 의미하며 정지상태, 등속직선운동 상태, 등속회전운동 상태 등의 모든 경우를 뜻한다. 따라서 여러 힘을 받고 있는 물체가 평형상태를 유지하려면 다음과 같은 두 가지 조건이 필요하다.

1. 제1평형 조건

선형적인 평형상태, 즉 정지 또는 등속직선운동 상태를 유지하기 위해서는 모든 외력의 합이 0이 되어야 한다. 이를 수식으로 나타내면

$$\sum F_x = \sum F_y = \sum F_z = 0$$
$$\sum F = 0 \qquad\qquad (1)$$

이 된다.

2. 제2평형 조건

회전적인 평형상태, 즉 정지 또는 등속회전운동 상태를 유지하기 위해서는 임의의 축에 관한 모든 힘의 모멘트인 토크의 합이 0이 되어야 한다. 이를 수식으로 나타내면,

$$\sum N = 0 \qquad\qquad (2)$$

이 된다.

이 실험에서는 제1평형 조건만 만족하면 된다. 토크에 관한 것은 강의교재 7장에서 배우게 된다. 그리고 문제를 간단히 하기 위해서 모든 힘이 한 평면상에서 작용하도록 하였다. 한편, 벡터의 합을 구하는 데는 작도법(또는 도식법)과 해석법이 있다.

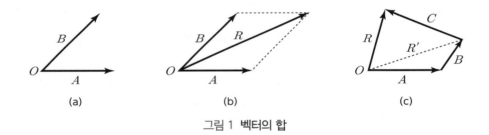

그림 1 벡터의 합

(1) 도식법에 의한 합성

그림 1(a)와 같은 $\overline{OA}$와 $\overline{OB}$의 합을 구해보자. 이들 벡터의 합 또는 합력 $\vec{R}$은 (b)와 같이 두 벡터를 한 쌍의 변으로 하는 평행사변형을 그렸을 때 두 벡터가 만나는 점으로부터 평행사변형의 대각선에 해당된다. 이 대각선 벡터 $\vec{R}$이 합력의 크기와 방향을 나타낸다. 두 개 이상의 벡터들의 합력을 구할 때는 다각형법을 이용하면 편리하다. 그림 1(c)를 보라. 처음에 벡터 $\vec{C}$를 그렸을 때 벡터 $\vec{A}$의 시작점으로부터 벡터 $\vec{B}$의 끝을 연결한 벡터 $\vec{R}$은 벡터 $\vec{A}$와 $\vec{B}$의 합 벡터가 되고 $\vec{A}$벡터의 시작점으로부터 벡터 $\vec{C}$ 끝을 연결한 벡터 $\vec{R}$이 벡터 $\vec{A}$, $\vec{B}$, $\vec{C}$의 합이 된다. 강의교재 3장 마지막 부분을 참고하기 바란다.

(2) 해석법에 의한 벡터 합성

두 벡터의 합은 삼각함수를 이용하여 해석적으로 구할 수 있다. 그림 2와 같이 두 벡터 $\vec{A}$, $\vec{B}$를 생각하자. 이 그림에서 합력 $\vec{R}$의 크기는 다음과 같은 식으로 구해진다.

$$\vec{R} = \vec{A} + \vec{B}$$

$$|\vec{R}|^2 = \vec{R} \cdot \vec{R}$$

$$= \vec{A} \cdot \vec{A} + \vec{B} \cdot \vec{B} + 2\vec{A} \cdot \vec{B}$$

$$= |\vec{A}|^2 + |\vec{B}|^2 + 2|\vec{A}||\vec{B}|\cos\theta_c$$

$$|\vec{R}| = \sqrt{|\vec{A}|^2 + |\vec{B}|^2 + 2|\vec{A}||\vec{B}|\cos\theta_c}$$

가 된다.

힘 $\vec{A}$, $\vec{B}$와 또 하나의 힘 $\vec{C}$가 평형을 이루기 위해서는 힘 $\vec{A}$, $\vec{B}$의 합력 $\vec{R}$과 크기가 같고 방향이 반대인 힘 $\vec{C}$를 작용시키면 된다.

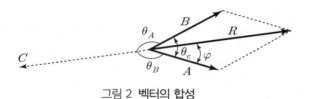

그림 2 벡터의 합성

실험을 하는 과정에서 그림에서 보이는 각도 φ를 계산해야 하는 경우가 발생한다. 이 각도와 다른 성분들과의 관계는 다음과 같다.

$$\varphi = \tan^{-1}\left(\frac{|B|\sin\theta_c}{|A| + |B|\cos\theta_c}\right)$$

(3) 힘의 성분

① 한 힘을 두 힘 이상으로 나누어 분석하는 방법이다.
② 보통의 경우 직각좌표계에서 많이 다룬다.

- x방향 성분 : $F_x = F\cos\theta$
- y방향 성분 : $F_y = F\sin\theta$

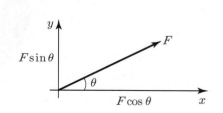

준비물 〉〉〉

- 힘의 평형장치
- 추와 추걸이 세트
- 전자저울

그림 3 실험준비물

4 **방법** 〉〉〉

❶ 실험장치의 높이조절나사를 이용하여 수평상태가 되도록 한다.

❷ 그림 3처럼 각각의 추걸이와 걸릴 추의 질량(m_A, $\dot{m}_B$, m_C)을 디지털저울로 정확히 측정하고 표에 기록한다. 이때 조교의 지시에 따르도록 한다.

❸ 그림 4처럼 각 추에 의한 작용력 사이의 각을 측정하기 위해 추 A에 의한 작용력을 기준선(0°)에 일치시키고 추 B, C 사이의 각을 조절하여 작용점이 원판의 중심에 있도록 한다.

❹ 원판의 중심에서 평형이 이루어졌으면 이를 확인하기 위하여 중앙의 작용점을 살짝 건드려도 다시 원래 지점으로 되돌아오는지 확인한다. 만약 작용점이 중앙으로 되돌아오지 않는다면 그 이유는 무엇인지 알아본다.

❺ 추걸이를 포함한 추의 질량과 그림에서의 사잇각 θ_B, θ_C를 기록한다.

❻ 추의 질량을 바꾸어 반복실험한다.

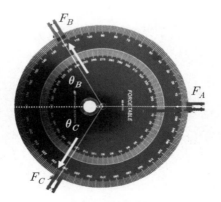

그림 4 힘의 평형실험

5 결과

실험 1 측정값 및 계산 [단위 : 질량(   ), 중력가속도(   )]

힘 횟수	A의 무게(F_A) $m_A \cdot g$		B의 무게(F_B) $m_B \cdot g$		C의 무게(F_C) $m_C \cdot g$		θ_B		θ_C	
	측정값	편차	측정값	편차	측정값	편차	측정값	편차	측정값	편차
1										
2										
3										
4										
5										
평균값										
표준편차										

(x성분의 값) : $F_A \cos\theta_A + F_B \cos\theta_B + F_C \cos\theta_C = \sum F_x$ (이론값은 0이다.)

▌계산 :

퍼센트 오차 $\left(\dfrac{|\sum F_x|}{F_A} \times 100(\%) \right)$:

▌계산 :

(y성분의 값) : $F_B \sin\theta_B + F_C \sin\theta_C = \sum F_y$ (이론값은 0이다.)

▌계산 :

퍼센트 오차 $\left(\dfrac{|\sum F_y|}{|F_B \sin\theta_B|} \times 100(\%) \right)$:

▌계산 :

측정값 및 계산[단위 : 질량(   ), 중력가속도(   )]

힘 횟수	A의 무게(F_A) $m_A \cdot g$		B의 무게(F_B) $m_B \cdot g$		C의 무게(F_C) $m_C \cdot g$		θ_B		θ_C	
	측정값	편차	측정값	편차	측정값	편차	측정값	편차	측정값	편차
1										
2										
3										
4										
5										
평균값										
표준편차										

(x성분의 값) : $F_A \cos\theta_A + F_B \cos\theta_B + F_C \cos\theta_C = \sum F_x$(이론값은 0이다.)

▌계산 :

퍼센트 오차 $\left(\dfrac{|\sum F_x|}{F_A} \times 100(\%) \right)$:

▌계산 :

(y성분의 값) : $F_B \sin\theta_B + F_C \sin\theta_C = \sum F_y$(이론값은 0이다.)

▌계산 :

퍼센트 오차 $\left(\dfrac{|\sum F_y|}{|F_B \sin\theta_B|} \times 100(\%) \right)$:

▌계산 :

6 토의 및 결론

7 참고문헌

실 험

6 힘의 평형 Ⅱ

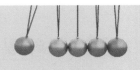

1 목적 >>>

회전과 토크 그리고 회전평형을 이해하기 위한 실험이다. 역학실험판과 평형대를 이용하여 회전평형 상태에서의 토크에 대해 알아보기로 한다.

2 원리 >>>

회전평형

임의의 축에 대한 어떤 힘에 대한 토크(돌림힘)는 그 축에 대한 회전을 일으키는 효율성의 정도이다. 회전축으로부터 d만큼 떨어진 점에 힘 F가 작용할 때 이 힘에 의한 토크는 그림 1과 같고 수식은 (1)과 같이 정의된다.

$$N = dF\sin\theta \qquad (1)$$

여기에서 θ는 F와 d 사이의 각도이다. 토크를 받는 물체는 회전운동을 하게 되므로 역학적 평형을 이루려면 물체가 받는 총 토크는 0이 되어야 한다.

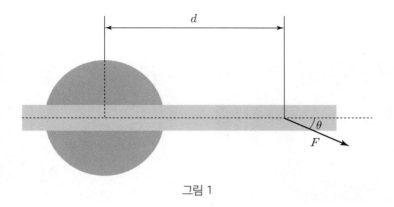

그림 1

토크의 단위는 뉴턴-미터(N·m)이다. 양(+)과 음(-)의 부호를 토크에 적용할 수 있다. 예를 들어, 주어진 축에 대하여 시계 반대방향으로 회전을 일으키는 토크를 양(+)으로, 시계방향으로 회전을 일으키는 토크를 음(-)으로 표기하는 방법이다.

동일한 평면상에 있는 힘들의 영향을 받는 강체의 평형에 대한 두 가지 조건은 다음과 같다.

(1) 힘의 조건

물체에 작용하는 모든 힘이 xy평면에 있고, 그 힘들이 평형상태에 있으려면 다음의 조건을 만족해야 한다.

$$\sum F_x = 0, \ \sum F_y = 0$$

이때, 합 벡터는 0이 된다.

(2) 토크 조건

물체에 작용하는 모든 토크의 합이 0일 때 물체는 평형상태가 된다. 이를 식으로 표시하면 아래와 같다.

$$\sum N = 0$$

물체의 중력중심은 물체의 모든 무게가 집중되어 있는 것으로 생각할 수 있는 점이다. 즉, 무게의 작용선이 중력중심을 통과한다. 물체의 무게와 크기가 같고 중력중심을 지나면서 연직 위로 향하는 힘이 물체를 평형상태에 있게 한다.

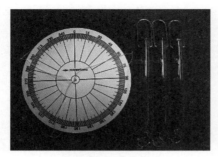

원판과 용수철저울

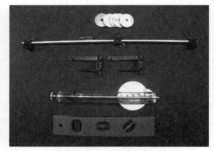

수평계, 용수철저울, 추걸이, 평형대, 추

전자저울

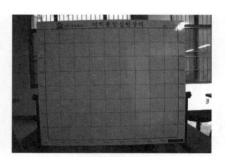

역학실험판

4 / 방법 >>>

1. 선형평형

❶ 3명이 원판에 용수철저울을 매달아 일정한
힘으로 잡아당긴다.

❷ 그림 2와 같이 원판중심에 작용하는 세 힘의
방향(각도)과 늘어난 용수철에 의한 작용력
을 Newton(N) 값으로 측정·기록한다(세
힘의 벡터 합성과 분해를 통해 힘의 평형을
확인한다).

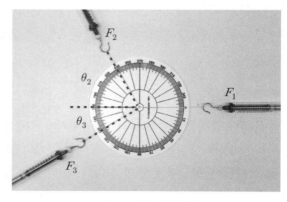

그림 2 힘의 평형실험

2. 회전평형

그림 3과 같이 실험장치를 설치하고 수평상태를 확인한다.

그리고 추걸이, 추, 평형대, 이동자의 질량을 전자저울을 이용하여 측정 · 기록한다. 아울러 용수철저울은 영점을 맞추고 평형대 양쪽에 추걸이를 걸기 전에 평형대의 무게중심을 찾아서 연필로 표시하여 둔다.

F_1 : 질량 M_1의 무게(추걸이 + 이동자 포함), F_2 : 질량 M_2의 무게(추걸이 + 이동자)

F_3 : 평형대의 질량중심에 작용하는 평형대의 무게, F_4 : 용수철저울이 위 방향으로 당기는 힘

❶ 추걸이 두 개에 각각 다른 무게의 추를 걸고 평형대의 양쪽 끝에 걸어준다.

❷ 평형대를 이용하여 중심을 잡아 평형을 이루도록 한다.

❸ 평형대상에 놓인 F_4의 중심부터 F_1, F_2, F_3의 각각의 거리를 자를 이용하여 d_1, d_2, d_3를 측정 기록한다.

❹ 측정값들을 이용하여 토크 N를 구하고 N의 방향(시계방향 또는 반시계방향)을 확인하여 이들의 값을 합산하여 평형을 확인한다.

❺ 추걸이, 추, 평형대, 이동자의 질량을 기록한다.

❻ 평형대 한쪽 끝과 이동자의 한쪽 면이 정확이 일치되도록 기준을 잡는다.

❼ 평형대를 좌우로 움직여 무게중심을 잡는다.

❽ 자를 이용하여 기준이동자에서 각각의 d_1, d_2, d_3, d_4를 측정하여 기록한다.

❾ 측정값들을 이용하여 토크(N)를 N의 방향(시계방향 또는 반시계방향)을 확인하여 이들의 값을 합하여 평형을 확인한다.

❿ 오차를 분석한다.

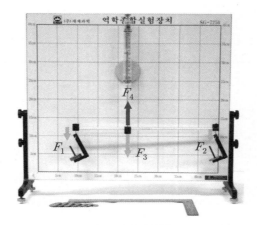

그림 3 회전평형실험

1. 선형평형

	F_1	F_2	θ_2	F_3	θ_3	$\sum F_x$	$\sum F_y$
1							
2							
3							
4							
5							

※ $\sum \overleftrightarrow{F_x}$와 $\sum \overleftrightarrow{F_y}$의 합이 0이 될 경우는 완벽한 정적평형상태를 이루고 있는 것이고, 어떤 값을 갖게 될 경우에는 그 값에 의해 평형을 이루지 못하고 있다는 것을 의미한다.

2. 회전평형

	1	2	3	4	5
M_1					
F_1					
d_1					
N_1					
M_2					
F_2					
d_2					
N_2					
M_3					
F_3					
d_3					
N_3					
M_4					
F_4					
d_4					
N_4					

6 / 토의 및 결론 >>>

7 / 참고문헌 >>>

중력가속도 측정(포토게이트)

1 목적

$\gg\gg$

자유낙하하는 물체의 중력가속도(g로 표기함)를 피켓펜스(picket fence)와 포토게이트(photo-gate)를 이용하여 0.5% 이상의 정확도로 측정한다.

2 원리

$\gg\gg$

물체가 공기 중에서 자유롭게 낙하할 때 이를 자유낙하라고 부른다. 여기서 자유낙하를 일으키는 힘은 지구의 중력뿐이며 다른 힘들은 작용하지 않는다. 이때 공기저항은 없거나 무시된다고 가정한다. 중력의 힘은 지구표면 근처에서는 거의 일정하기 때문에 자유낙하하는 물체는 일정한 비율로 가속되면서 낙하하게 되고 이 가속도를 중력가속도라고 부르는 것이다.

물리를 공부하는 학생들은 매우 다양한 시간측정방법들을 사용하여 이 중력가속도를 측정할 수 있다. 여기서 포토게이트는 한쪽 면에서 다른 쪽 면으로 향하는 적외선 빔을 방출하는 장치이다. 이때 빔이 차단될 때마다 시간간격이 측정될 수 있는데, 이로부터 사건의 짧은 시간을 정확히 측정할 수 있는 장점을 갖는다. 일정한 간격으로 검은색 선이 그어져 있는 투명한 플라스틱 피켓펜스를 떨어뜨리면 컴퓨터가 빔이 차단되는 검은색 원의 경계에서부터 다음 번 빔이 차단되는 검은색원의 경계가 도달할 때까지의 시간간격을 측정하는 역할을 맡는다.

이 과정은 피켓펜스의 8개의 검은색 원의 포토게이트를 모두 통과할 때까지 계속되며, 이렇게 측정된 시간으로부터 프로그램이 이 운동의 속도와 가속도를 계산하고 그래프를 그려준다.

3 **준비물**   >>>

- 포토게이트
- 랩퀘스트
- 피켓펜스
- 고무패드
- 서포트 잭

그림 1 실험준비물

4 **방법**   >>>

① 그림 2와 같이 포토게이트의 양팔이 수평으로 놓이도록 스탠드 및 클램프에 단단히 고정시킨다. 피켓펜스는 전체가 포토게이트 사이로 충분히 떨어질 수 있어야 하고 피켓펜스에 손상이 가지 않도록 부드러운 바닥(고무패드)에 떨어뜨린다.

② 포토게이트를 랩퀘스트의 DIG/SONIC 1 input 단자에 연결한다.

③ 포토게이트를 사용하려면 아래 그림 3(b)와 같은 상태가 되어야 한다. 게이트의 작동여부를 확인하기 위해 포토게이트를 손가락으로 막으면 메시지가 'blocked(차단)' 손가락을 치우면 'unblocked (열림)'로 표시되는지 확인해본다.

(a) 센서가 닫힌 상태(실험 ×)   (b) 센서가 열린 상태(실험 ○)

그림 2 포토게이트 작동방법

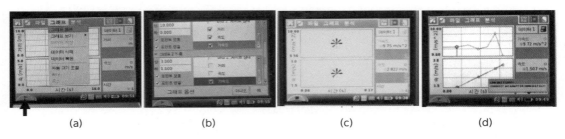

(a)　　　　　　(b)　　　　　　(c)　　　　　　(d)

그림 4 프로그램 작동방법

❹ 그림 4처럼 그래프 → 그래프 옵션 → 시간 vs (거리/속도/가속도)를 측정할 수 있도록 세팅한 후 화살표 부분을 클릭하면 데이터 수집준비가 된 상태이다. 피켓을 일정 높이에서 게이트에 닿지 않도록 똑바로(수직상태) 낙하시켜주면 자동적으로 데이터가 수집되어 측정값들을 볼 수 있다. 궁금한 사항들은 조교에게 문의하여 해결하기 바란다.

❺ 실험 그래프를 관찰하고 측정된 값들을 표에 기록하도록 한다. 속도 대 시간의 그래프의 기울기가 가속도의 측정결과이다. 만약 속도 그래프가 일정한 기울기를 갖는 직선이라면 가속도는 일정한 값이다. 만약 여러분의 피켓펜스의 가속도가 일정하다면 여러분들의 데이터와 직선을 짜맞춤(Fitting)해보고 기울기를 기록해 놓아라. 엑셀 프로그램을 이용하면 짜맞춤이 가능하다.

실험에서 얻은 데이터를 짜맞춤하고 이론적인 것과 비교하는 것이 실험의 최종목표라고 할 수 있다. 학생들이 이러한 수준에 다다르면 훌륭한 전문공학도가 되었다는 것을 의미한다.

❻ 위 과정으로 여러 번 반복실험한다.

5 결과

실험 1

	기록시간(t)	낙하거리(s)	낙하속도(v)	가속도(a)	$g-a$
1					
2					
3					
4					
5					
6					
7					
8					

실험 2

	기록시간(t)	낙하거리(s)	낙하속도(v)	가속도(a)	$g-a$
1					
2					
3					
4					
5					
6					
7					
8					

실험 3

	기록시간(t)	낙하거리(s)	낙하속도(v)	가속도(a)	$g-a$
1					
2					
3					
4					
5					
6					
7					
8					

실험 4

	기록시간(t)	낙하거리(s)	낙하속도(v)	가속도(a)	$g-a$
1					
2					
3					
4					
5					
6					
7					
8					

	기록시간(t)	낙하거리(s)	낙하속도(v)	가속도(a)	$g-a$
1					
2					
3					
4					
5					
6					
7					
8					

실험 6

	기록시간(t)	낙하거리(s)	낙하속도(v)	가속도(a)	$g-a$
1					
2					
3					
4					
5					
6					
7					
8					

실험 7

	기록시간(t)	낙하거리(s)	낙하속도(v)	가속도(a)	$g-a$
1					
2					
3					
4					
5					
6					
7					
8					

실험 8

	기록시간(t)	낙하거리(s)	낙하속도(v)	가속도(a)	$g-a$
1					
2					
3					
4					
5					
6					
7					
8					

실험 9

	기록시간(t)	낙하거리(s)	낙하속도(v)	가속도(a)	$g-a$
1					
2					
3					
4					
5					
6					
7					
8					

실험 10

	기록시간(t)	낙하거리(s)	낙하속도(v)	가속도(a)	$g-a$
1					
2					
3					
4					
5					
6					
7					
8					

표 1 시간 vs 낙하거리

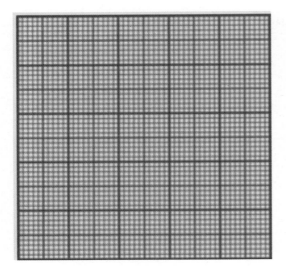

표 2 시간 vs 낙하속도

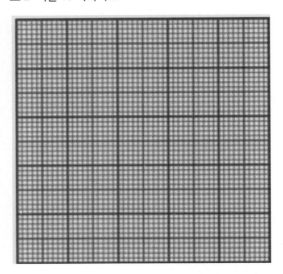

표 3 시간 vs 가속도

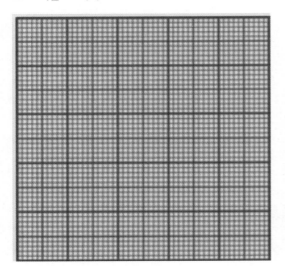

표 4 $g-a$

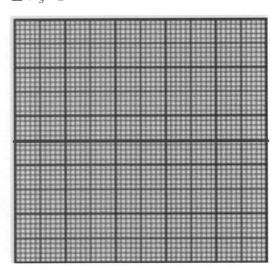

6 / 토의 및 결론 >>>

7 / 참고문헌 >>>

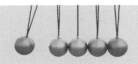

8 훅(Hooke)의 법칙

1 목적 　　　　　　　　　　　　　　　　　　　　　　　　 >>>

훅(Hooke)의 법칙을 이용하여 용수철의 탄성계수를 측정하여 물체의 성질을 규명한다. 그러나 여기서 훅의 법칙은 용수철의 탄성계수를 측정하기 위한 단순한 법칙이 아니라 이 법칙에 의하여 자연의 다양한 현상들이 설명된다는 데 더 큰 값어치가 있다는 것을 알아야 한다.

2 원리 　　　　　　　　　　　　　　　　　　　　　　　　 >>>

용수철에 추를 매달았을 때에 추에 작용하고 있는 힘은 두 가지가 있다. 하나는 지구가 추를 당기고 있는 힘(중력)이다. 지구는 중력가속도 g로 지구중심을 향해 당기고 있으므로 뉴턴의 제2법칙에 의해, 무게는 $F_g = mg$이다. 그리고 다른 하나의 힘은 용수철이 물체를 당기는 힘이다. 이 두 힘은 평형을 이루고 있으며, 따라서 두 힘의 크기는 같고 방향은 반대이다.

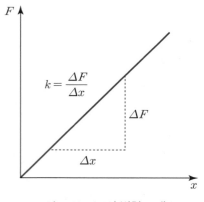

그림 1 Hooke의 법칙 그래프

그러므로 이미 알려져 있는 힘(F)을 변화시켜가며, 용수철의 늘어난 길이(x)를 측정해보면 작용한 힘과 늘어난 길이의 비례관계를 알 수 있다. 이것이 Hooke의 법칙($F = kx$)이다. k는 그림 1 그래프의 기울기이며, 용수철상수라고 한다. 이런 힘은 용수철상수(k)를 한 번 정하면, 용수철의 탄성변형 영역 안에서 길이(x)의 변화를 측정함으로써 그 힘의 크기를 알 수 있다(그림 1 참조).

3 준비물 >>>

- 용수철저울
- 추걸이
- 추(20 g 5개 + 10 g 5개)
- 역학종합실험판
- 전자저울
- 수평기

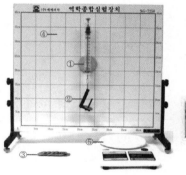

그림 2 실험준비물

4 방법 >>>

❶ 그림 2와 같이 용수철저울을 실험판의 2/3 높이에 부착한 후 추걸이를 걸고 장치의 높이조절나사를 조작하여 그림 3처럼 수직상태가 되도록 한다. 수직상태가 되면 그림의 B처럼 실린더 구멍 중앙에 피스톤이 위치하게 된다.

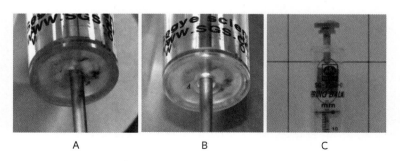

A   B   C

그림 3 용수철저울의 수직상태 확인 및 영점조절

❷ 그림 3의 C처럼 영점조절나사를 조절하여 접시의 기준선이 '0'점이 되도록 한다.

❸ 준비된 추의 질량을 디지털 전자저울로 측정한 후 표에 기록한다.

❹ 수직상태와 영점을 확인한 후 20 g의 추부터 하나씩 추걸이에 올려가며 용수철의 늘어난 길이를 정확히(1 mm 이하 값도 중요함) 측정하여 표에 기록한다.

❺ 그림 4처럼 추의 무게를 변화시켜가며 용수철저울의 늘어난 길이를 순서대로 기록한 후 반대로 조심스럽게 하나씩 빼가며 줄어든 길이를 측정하여 표에 기록한다. 추를 올리거나 내릴 때 순서가 바뀌지 않도록 한다.

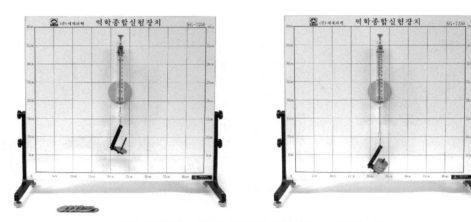

그림 4 추의 질량증가에 따른 용수철의 늘어난 길이 비교

❻ 1회 실험이 끝났으면 질량과 길이와의 관계를 그래프에 그린다. 그리고 기울기를 통해 용수철상수(k)를 산출한다. 엑셀 프로그램을 통하여 그림을 그려보고 데이터 점들에 의한 선의 기울기를 구해보라.

❼ 같은 방법으로 여러 번 반복실험한다. 측정값들을 그래프로 그려보고 다음 수식을 통하여 용수철상수의 평균값을 구해본다.

$$k = \frac{\Delta F}{\Delta x}$$

5 결과

용수철상수 구하기

	추의 질량	합산 질량	1		2		3		4		5		용수철상수 $k = \dfrac{\Delta F}{\Delta x}$
			팽창 길이	수축 길이	팽창 길이	수축 길이	팽창 길이	수축 길이	팽창 길이	수축 길이	팽창 길이	수축 길이	
단위													
1													
2													
3													
4													
5													
6													
7													
8													
9													
10													
평균 용수철상수(k)													

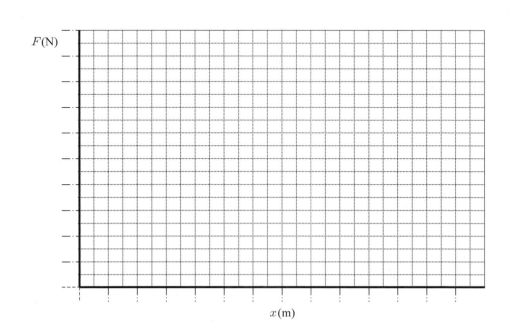

F(N)

x(m)

6 토의 및 결론

7 참고문헌

실험 9 에너지 보존(단진자)
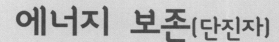

1 목적

단진자를 이용하여 위치에너지와 운동에너지의 변환을 측정하여 역학적 에너지 보존이 성립하는 것을 알아본다.

2 원리

보존원리는 물리학에서 매우 중요한 역할을 하며 일반물리학을 배우면서 자주 접하는 원리이다. 보존이 무엇을 의미하는지 간단히 알아보자. 물리량이 보존되었다는 것은 간단히 말해서 그 양이 일정하다는 것을 뜻한다. 다시 말해 에너지의 형태가 변할지라도 총에너지는 변함이 없다는 원리이다. 이때 적용되는 체계를 보통 고립계라고 부르며 넓은 의미에서 지구도 고립계의 일종으로 간주된다. 이것을 일－에너지 정리라 하고 다음과 같은 식이 성립된다.

$$W = Fs = (ma)s$$

(1) 물체가 일정한 가속도로 운동한다면 다음 관계식이 성립된다.

$$v^2 = v_1{}^2 + 2as \rightarrow as = \frac{v^2 - v_1{}^2}{2}$$

(2) 이 관계식을 (1)식에 대입하면 다음 식을 얻을 수 있다.

$$W = \frac{1}{2}mv^2 - \frac{1}{2}mv_1^2 = K - K_1$$

(3) 한 물체에 작용하는 힘이 보존력이라 하면, 위치에너지는 다음과 같이 정의된다.

$$U(x) = -(K(x) - K_1(x)) + U_1(x)$$

(4) 물체가 받는 합력(F_t)은 편의상 보존력에 의한 힘(F_c)과 마찰력 같은 비보존력(F_n)의 합으로 표시될 수 있다.

$$F_t = F_c + F_n$$

(5) 일 – 에너지 정리로부터

$$K - K_1 + (U - U_1) = 0 \quad \rightarrow \quad K_1 + U_1 = K + U = 일정$$

이다. 즉, 보존력 장에서는 운동에너지와 위치에너지를 합한 총에너지는 보존된다.

보다 자세한 것은 강의교재 5장을 참고하기 바란다.

(6) 보존력인 중력장 내에서의 진자의 운동으로 역학적 에너지가 보존되는가를 검토한다. 진자가 높이 y만큼 있을 때는 가장 낮은 지점보다 $\Delta U = mgy$만큼의 에너지가 증가한다. 여기서 g는 중력가속도, m은 그 물체의 질량이다. 가장 낮은 지점에서 운동에너지가 최대이며 그때 운동에너지는 $\frac{1}{2}mv^2$이 된다.

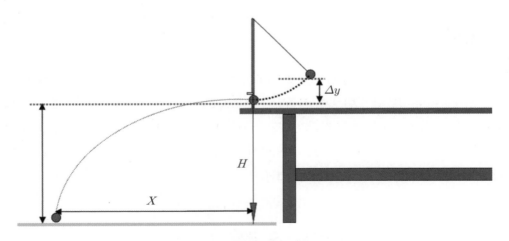

그림 1 역학적 에너지 보존법칙 실험방법

 그림 1과 같이 진자의 추가 가장 낮은 지점에서 면도날에 의해 실이 끊겨 초속 v로 포물선운동을 하게 하였을 때 포물선운동을 한 수평거리를 X, 높이를 H, 진자가 지면에 도달하는 데 걸리는 시간을 T라 하면 진자의 수평속도 v와 X, H의 관계는

$$H = \frac{1}{2} g T^2$$

$$X = v T$$

$$\therefore \quad v = \sqrt{\frac{X^2 g}{2H}}$$

이며, 이 식으로 계산된 운동에너지 $\frac{1}{2}mv^2$ 값과 위치에너지 값 mgh를 비교하여 에너지 보존법칙이 성립됨을 알아보는 것이 이 실험의 목표이다.

3 준비물 >>>

- 단진자
- 면도날
- 먹지와 종이
- 고무판
- 자
- 실

4 방법 >>>

❶ 그림 1과 같이 50 cm 되는 실에 추를 달고, 스탠드 아래에 면도날을 고정시켜 추의 위쪽 1 cm 이내의 곳에 면도날이 닿도록 고정시킨다. 이때 추에서 면도날이 닿는 부분이 짧을수록 좋다.

❷ 추를 적당한 높이에서 놓아 실이 면도날에 잘려 추가 떨어지는 위치를 확인하고 그곳에 먹지와 종이를 놓는다.

❸ 추를 다시 매달기 전에 무게를 측정하고 50 cm 되는 실에 연결한다.

❹ 지면에서 추의 표면까지의 높이(H)를 측정한다.

❺ 실을 팽팽하게 하여 추를 높이(Δy)만큼 높인 후 측정하고 기록한다.

❻ 추의 실이 면도날에 끊겨 떨어지면, 떨어진 자리는 먹지에 의해 표시가 된다. 이 위치와 추의 수직 기준점과의 거리(X)를 측정한다.

❼ 이 결과로부터 x방향으로의 속도 $v = \sqrt{\dfrac{X^2 g}{2H}}$ 를 구하고 이때의 운동에너지(K)를 구한다. 또, 위치에너지의 변환($U = mg\Delta y$)을 구한다.

$$K = \frac{1}{2}mv^2$$

❽ 위 과정에서 Δy를 변화시켜가며 측정하고 에너지 보존에 대해 생각해본다. 단, 높이 H는 일정하게 한다.

5 결과

실험 1 높이(Δy)가　　　　　일 때

	m	Δy	H	X	$v = \sqrt{\dfrac{X^2 g}{2H}}$	$U = mg\Delta y$	$K = \dfrac{1}{2}mv^2$	$U - K$
단 위								
1								
2								
3								
4								
5								
6								
7								
8								
9								
10								
평균								

실험 2 높이(Δy)가 　　　　일 때

	m	Δy	H	X	$v=\sqrt{\dfrac{X^2 g}{2H}}$	$U=mg\Delta y$	$K=\dfrac{1}{2}mv^2$	$U-K$
단 위								
1								
2								
3								
4								
5								
6								
7								
8								
9								
10								
평균								

6 토의 및 결론

>>>

7 참고문헌

>>>

실 험

10 선운동량 보존(2차원 탄성충돌)

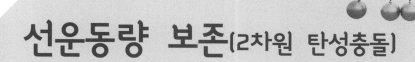

1 목적

금속구를 충돌시켜 충돌 전후의 속력을 측정하고 충돌 후의 선운동량을 비교하여 선운동량 보존법칙을 이해한다. 물리학에서 운동량 보존법칙은 가장 중요한 원리 중 하나이며 공학 전반에 걸쳐 응용되는 기초이론에 속한다.

2 원리

그림 1은 두 물체의 충돌과 이에 따른 운동량 보존법칙을 이해하기 위한 실험장치와 그 해석을 나타낸 것이다. 정지해 있는 한 금속구에 다른 금속구가 충돌하면 충돌 후 두 금속구의 진행방향은 에너지 보존법칙과 운동량 보존법칙에 따라 정해진다.

그림 1처럼 처음 속도 v_1인 금속구가 정지해 있는 금속구와 충돌한 후 처음 속도가 있던 금속구는 충돌 전 움직이던 직선과 각 ϕ를 이루고 튀어나가고 정지해 있던 금속구는 각 θ로 움직였다고 하자. 이 충돌의 외부 힘은 없으므로 선운동량은 보존된다. 즉

$$m_1 v_1 + 0\left(\sum \overrightarrow{F}_{ext} = 0\right) = m_1 v_2 + m_2 v_3 \tag{1}$$

이다.

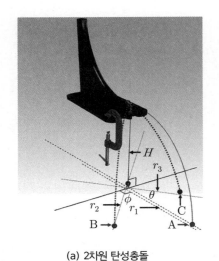

(a) 2차원 탄성충돌

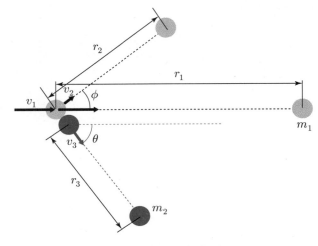

(b) 2차원 탄성충돌 직전·후

그림 1

식 (1)을 입사방향을 x축, 이와 직각방향을 y축으로 하여 성분으로 표시한다면 실질적인 선운동량은 다음과 같다.

$$m_1 v_1 = m_1 v_2 \cos\phi + m_2 v_3 \cos\theta$$

이다. 또 탄성충돌이라면 충돌 전후의 계의 운동에너지가 보존되어야 하므로,

$$\frac{1}{2} m_1 v_1^{\,2} = \frac{1}{2} m_1 v_2^{\,2} = \frac{1}{2} m_2 v_3^{\,2}$$

이다. 만약 2차원 탄성충돌인 경우 입사구(m_1)와 표적구(m_2)의 질량이 같다면 ($m_1 = m_2$)

$$v_1^2 = v_2^2 + v_3^2$$

이 되어, 충돌 후 두 구의 진행방향은 직각을 이루게 된다(피타고라스 정리).
즉,

$$\phi + \theta = \frac{\pi}{2}$$

이다.

3 준비물 >>>

- 2차원 충돌장치
- 질량이 같은 금속구 2개
- 수직기
- 고무판
- 지우개
- 먹지
- 1 m 자와 각도기
- 버니어캘리퍼스

그림 2 실험준비물

4 방법 >>>

❶ 그림 2와 같이 충돌장치를 테이블에 잘 고정시킨다.

❷ 질량이 같은 두 개의 금속구를 준비하여 표적구(C)와 입사구(A, B)로 사용한다. 정밀 디지털저울로 질량을 측정해 본다.

❸ 표적구가 없는 상태에서 입사구(A)를 일정한 높이에서 굴려 떨어진 장소와 수직추의 끝이 지시하는 지점과의 직선거리(r_1)를 5회 측정하여 평균값을 구한다.

❹ 입사구가 낙하한 수직거리(H)를 측정한다.

❺ 위 과정 ❸과 ❹의 측정값으로 입사구의 속력(v_1)을 아래 수식으로부터 구한다.

$$v_1 = r_1 \sqrt{\frac{g}{2H}}$$

❻ 입사구(B)와 표적구(C)의 충돌지점에서 수평운동이 될 수 있도록 표적구의 높이를 잘 조절해 준다.

❼ 입사구(B)와 표적구(C)가 충돌 후 두 공이 떨어진 지점(r_2 & r_3)의 직선거리와 기준선에 대한 비산각(ϕ와 θ)을 측정하여 기록한다.

❽ 충돌 후 입사구와 표적구의 속도 v_2, v_3를 ❺ 수식을 사용하여 산출해 본다.

$$v_2 = r_2 \sqrt{\frac{g}{2H}} \ , \ v_3 = r_3 \sqrt{\frac{g}{2H}}$$

❾ 입사구와 표적구의 질량(m)과 구의 반경(r_b)을 측정한다.

5 결과

1. 측정값

측정값		단위	1	2	3	4	5	평균	표준편차
입사구	질량(m_1)								
표적구	질량(m_2)								
수직낙하거리	H								

측정값	1	2	3	4	5	6	7	8	9	10	평균	표준편차
충돌 전 입사구의 도달거리(r_1)												
충돌 후 입사구의 도달거리(r_2)												
충돌 후 표적구의 도달거리(r_3)												
충돌 전 입사구의 비산각(ϕ)												
충돌 후 입사구의 비산각(θ)												

x성분 : $m_1 v_1 = m_1 v_2 \cos\phi + m_2 v_3 \cos\theta$

y성분 : $0 = m_1 v_2 \sin\phi + m_2 v_3 \sin\theta$에

$v_1 = r_1 \sqrt{\dfrac{g}{2H}}$, $v_2 = r_2 \sqrt{\dfrac{g}{2H}}$, $v_3 = r_3 \sqrt{\dfrac{g}{2H}}$, $m_1 = m_2$를 대입해서 정리하면

x성분 : $r_1 = r_2 \cos\phi + r_3 \cos\theta$

▌계산 :

y성분 : $0 = r_2 \sin\phi + r_3 \sin\theta$

▌계산 :

6 토의 및 결론

7 참고문헌

11 관성모멘트 측정

1 목적 >>>

수평막대의 관성모멘트를 에너지 보존법칙을 이용하여 측정한다. 관성모멘트에 대한 이론과 계산은 강의교재 8장에 자세히 나와 있다.

2 원리 >>>

강체가 어떤 회전축을 중심으로 회전할 때의 관성모멘트를 I라고 하면, 이때의 회전운동 에너지 K_R는

$$K_R = \frac{1}{2}I\omega^2 \qquad (1)$$

으로 주어진다. 여기서 ω는 각속도이다.

특별한 대칭을 갖는 물체에 대한 관성모멘트는 그림 1과 같다.

외형	관성모멘트	물체의 모양과 회전축(질량 M)
고체 실린더	$\dfrac{1}{2}MR^2$	
속이 빈 실린더	$\dfrac{1}{2}M(r_1^2 + r_2^2)$	
둥근 막대	$I = \dfrac{1}{12}M(3r_c^2 + l^2)$	
네모난 막대	$I = \dfrac{1}{12}M(a^2 + b^2)$	

그림 1 여러 가지 대칭모양의 관성모멘트

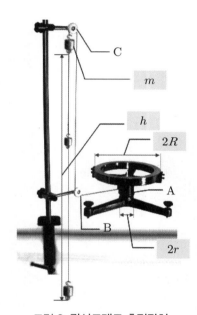

그림 2 관성모멘트 측정장치

그림 2에서와 같이 회전축에 대한 관성모멘트가 I_1인 물체(A)의 밑둥(반지름 : r)에 줄을 감고 도르래를 통하여 질량 m_1인 추에 연결하고 나서 중력에 의한 등가속도운동을 시킨다. 이때 추의 위치에너지가 질량 m_1의 운동에너지와 물체(A)의 관성모멘트로 변환된다.

추(m_1)의 위치에너지＝추의 운동에너지＋시료의 관성모멘트(I_1)

$$m_1gh = \frac{1}{2}m_1v_1^2 + \frac{1}{2}I_1\omega_1^2 \; \rightarrow \; -m_1gh + \frac{1}{2}m_1v_1^2 + \frac{1}{2}I_1\omega_1^2 = 0 \qquad (2)$$

여기서 v_1은 추가 수직거리(h)만큼 내려왔을 때의 속도이다. 추는 등가속도운동을 하므로,

$$h = \frac{1}{2}gt_1^2, \ v_1 = gt_1$$

$$h = \frac{1}{2}v_1 t_1$$

따라서,

$$v_1 = \frac{2h}{t_1} \tag{3}$$

$$\omega_1 = \frac{v_1}{r} \tag{4}$$

이므로, 식 (3), (4)를 식 (2)에 대입하여 정리하면,

$$-m_1 gh + \frac{1}{2}m_1\left(\frac{2h}{t_1}\right)^2 + \frac{1}{2}I_1\omega_1^2 = -m_1 gh + \frac{1}{2}m_1\frac{4h^2}{t_1^2} + \frac{1}{2}I_1\left(\frac{v_1}{r}\right)^2$$

$$= -m_1 gh + m_1\frac{2h^2}{t_1^2} + I_1\frac{2h^2}{t_1^2 r^2}$$

$$m_1 g = \frac{2m_1 h}{t_1^2} + \frac{2I_1 h}{t_1^2 r^2}$$

를 얻는다. 이 식으로부터 관성모멘트 I_1은 다음과 같이 표현된다.

$$I_1 = m_1 r^2\left(\frac{gt_1^2}{2h} - 1\right) \tag{5}$$

시료물체(고체 실린더, 속이 빈 실린더, 둥근 막대, 네모난 막대 등)를 물체(A) 위에 설치하여 같은 조건으로 추(m_1)를 낙하시키는 경우, B의 관성모멘트를 I_2라고 하면,

$$I_1 + I_2 = m_1 r^2\left(\frac{gt_2^2}{2h} - 1\right) \tag{6}$$

을 얻게 된다.

즉 물체(A)의 회전축 반지름(r), 추의 낙하거리(h)와 질량(m_1), 낙하시간(t_2)을 측정하게 되면 $I_1 + I_2$를 계산할 수 있고, 식 (6)의 값 $I_1 + I_2$에서 식 (5)의 값 I_1을 빼면, I_2를 알아낼 수 있다.

3 준비물

- 관성모멘트 실험장치
- 관성모멘트 측정시료
- 지지대 고정 클램프 (1) / 도르래 고정 클램프 (2)
- 추
- 초시계
- 자
- 수평기

그림 3 실험준비물

4 방법

❶ 그림 4와 같이 관성모멘트 측정장치의 회전체 위에 수평기를 올려놓고 회전체를 돌려가면서 수평을 조절한다. 이때 장치의 바닥에 있는 두 개의 수평조절나사를 이용한다.

❷ 버니어캘리퍼스를 사용하여 물체 회전축의 외경($2r$)을 측정하고, 관성모멘트 측정시료의 외경($2R$)을 여러 번 측정하여 회전축과 시료의 평균반지름을 구한다.

❸ 먼저 시료를 제외한 회전체의 관성모멘트를 측정하기 위하여 그림처럼 실을 회전축(A)에 연결하고 도르래(B, C)를 지나 바닥까지 닿을 수 있도록 해준다. 실 끝에 추를 연결한 후 회전체를 손으로 천천히 회전시켜 추를 최고점까지 감아올린다. 사용한 추의 질량(m)을 결과표에 기록한다.

❹ 질량이 m_1인 추를 놓는 동시에 초시계를 동작시켜 특정지점(보통 바닥을 도착점으로 함)까지 낙하거리(h)와 도달시간(t)을 측정하여 기록한다. 위 과정을 5회 반복하여 평균낙하시간을 구하고, 다음 수식을 사용하여 회전체의 관성모멘트(I_1)를 산출해낸다.

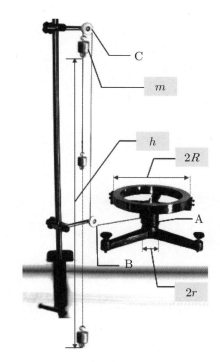

그림 4 관성모멘트 측정

$$I_1 = m_1 r^2 \left(\frac{g t_1^2}{2h} - 1 \right)$$

❺ 시료들의 관성모멘트를 측정하기 위해 위와 같은 방법으로 회전체의 틀에 시료를 움직이지 않도록 조임나사로 고정시키고 위와 같은 방법으로 실험하여 측정값들을 표에 기록한다.

❻ 실험이 끝났으면 시료들의 관성모멘트를 아래 수식을 사용하여 계산해 보고 이론값(그림 2 참조)과 비교해 보라.

$$I_2 = m_1 r^2 \left(\frac{g t_2^2}{2h} - 1 \right) - I_1$$

5 결과 ⟩⟩⟩

실험 1 측정값 및 계산

① 시료를 제외한 회전체의 관성모멘트(I_1) : $I_1 = m_1 r^2 \left(\dfrac{g t_1^2}{2h} - 1 \right)$

	단위	1	2	3	4	5	평균	표준편차
낙하거리(h)								
추의 질량(m_1)								
회전체 반지름(r)								
낙하시간(t_1)								
관성모멘트(I_1)								

② 시료 2의 관성모멘트(I_2) : $I_2 = m_1 r^2 \left(\dfrac{g t_2^2}{2h} - 1 \right) - I_1$, I_2 이론값 :

	단위	1	2	3	4	5	평균	표준편차
낙하거리(h)								
추의 질량(m_1)								
회전체 반지름(r)								
낙하시간(t_2)								
$I_1 + I_2$								
I_2								
이론값 − 실험값								

② 시료 3의 관성모멘트(I_3) : $I_3 = m_1 r^2 \left(\dfrac{g t_3^{\,2}}{2h} - 1 \right) - I_1$, I_3 이론값 :

	단위	1	2	3	4	5	평균	표준편차
낙하거리(h)								
추의 질량(m_1)								
회전체 반지름(r)								
낙하시간(t_3)								
$I_1 + I_3$								
I_3								
이론값 – 실험값								

6 토의 및 결론

>>>

7 참고문헌

>>>

12 음속측정(기주공명)

1 목적

진동수가 알려진 소리굽쇠를 이용하여 기주(공기기둥관)를 공명시켜 그 소리의 파장을 측정함으로써 공기 중의 음속을 측정한다. 소리의 전달과 기주공명장치(resonant tube)에 의한 공명진동수 등의 이론은 강의교재 10장에서 자세히 다루고 있다. 참고하기 바란다.

2 원리

진동수가 알려진 소리굽쇠를 진동시켜 한쪽 끝이 막힌 유리관 속에 들어 있는 기주를 진동시키면 기주 속에는 방향이 반대인 두 개의 파가 진행하면서 정상파가 생긴다.

이때 기주의 길이가 어느 적당한 값을 가질 때 두 파의 간섭으로 공명이 일어나게 된다. 따라서 소리굽쇠가 공기 중에서 발생하는 음의 파장 λ는 다음과 같이 표현된다(그림 1 참조).

$$\lambda = 2(y_{n+1} - y_n)$$

파동의 진동수를 f라 하고 이 파동이 공기 중에서 전파되는 속도를 v라 하면

$$v = f\lambda$$

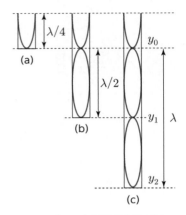

그림 1 기주에서의 정상파

을 만족한다.

위 식들을 정리하면,

$$v = 2f(y_{n+1} - y_n)$$

이 된다. 여기서 y_0, y_1, $\cdots$, y_n들은 유리관 내의 공명지점을 나타낸다.

관 끝에서 첫 번째 공명 위치(y_0)까지의 길이는 $\frac{\lambda}{4}$에 가까우나 실제는 이 값보다 조금 작다. 이는 첫 번째 정상파의 배가 관의 모양과 크기 등에 따라서 관 끝보다 조금 위쪽에 위치한다는 것을 의미하며, 원주형의 관인 경우에는 관 끝에서부터 배까지의 거리(δ)와 관의 내반지름(r)의 비(끝보정), 즉 δ/r는 약 0.55~0.85이다.

소리를 비롯한 파동은 매질을 통해 전달되기 때문에 매질의 물리적 성질과도 같은 연관을 가진다. 임의의 매질을 통해 전달되는 파동의 속도는 다음 식과 같이 매질의 물리적 성질과 관련된다.

$$v = \sqrt{k \frac{P}{d}}$$

여기서, 압력(P)과 밀도(d)는 절대단위이고, k는 정압비열 대 정적비열의 비열비이다.

공기 중을 전파해 가는 음파의 속도는 온도와도 연관이 있는데, 이는 기체의 온도에 따라 밀도가 달라지기 때문이다. 음속에 기체의 팽창법칙을 적용하면 다음과 같다.

$$v_t = v_0 \cdot \sqrt{1 + \alpha t} = 331.5 \cdot \sqrt{1 + \frac{1}{273}t}$$

여기서, v_t는 온도 $t\,℃$에서의 음속, v_0는 0℃에서의 음속으로 331.5 m/s이고, α는 기체의 팽창계수로 1/273이다.

3 준비물 >>>

- 공명장치
- 소리굽쇠
- 고무망치

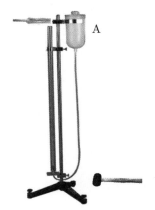

A

그림 2 기주공명장치 실험기구

4 방법 >>>

❶ 물통(A)의 높이를 유리관 꼭대기와 일치시킨 후 유리관에 물을 가득 채운다. 물통을 위아래로 움직여서 관에 물이 꼭대기에서 아래까지 물높이를 조절할 수 있도록 물의 양을 조절한다.

❷ 그림 2처럼 고유진동수가 f인 소리굽쇠를 고무망치로 적당히 가격하여 진동을 시킨 후 유리관 주둥이 위 약 1 cm 위에 수직방향으로 놓는다.

❸ 물통을 천천히 내리면서 유리관 내의 공명소리를 귀로 들으면서 사인펜을 이용하여 소리가 크게 들리는 지점들을 대략적으로 표시한다.

❹ 대략적인 위치가 확인되었으면, 처음부터 표시된 지점들에서 천천히 물높이를 조절하여 공명지점들($y_0,\ y_1,\ y_2,\ y_3,\ \cdots,\ y_n$)의 정확한 위치를 재확인하여 표에 기록한다.

❺ 측정값들을 아래 수식을 사용하여 음속(v)을 산출한다.

$$v = 2f(y_{n+1} - y_n)$$

❻ 소리굽쇠의 진동수(f)를 기록한다.

❼ 실험 시의 온도(t)를 측정한다.

❽ 실온 $t℃$ 때의 음속(v_t)을 아래 수식을 사용하여 산출한다(표 1 참조).

$$v_t = v_0 \cdot \sqrt{1 + \alpha t} \quad (v_0 = 331.5\ \text{m/s},\ \alpha = 1/273)$$

❾ 위 실험이 끝났으면 진동수가 다른 소리굽쇠를 가지고 같은 방법으로 실험한다.

실험 1 소리굽쇠의 진동수(f) =   Hz,   유리관 속의 온도(t) =   ℃

공명지점	1	2	3	4	5	평균	$y_{n+1} - y_n$	음속(v)
y_0								
y_1								
y_2								
y_3								
y_4								
y_5								
							평균음속	

$$v = 2f(y_{n+1} - y_n)$$
$$v_t = v_0 \cdot \sqrt{1 + \alpha t}$$

실험 2 소리굽쇠의 진동수(f) =   Hz,   유리관 속의 온도(t) =   ℃

공명지점	1	2	3	4	5	평균	$y_{n+1} - y_n$	음속(v)
y_0								
y_1								
y_2								
y_3								
y_4								
y_5								
							평균음속	

표 1 음속의 매질과 온도의존도

① 기체 속의 음속(0℃, 1기압)

기체	음속(m/s)
공기	331.5
산소	317.2
질소	337
수소	1,269.5
헬륨	970
수증기	404.8

② 액체 속의 음속

액체	음속(m/s)	온도(℃)
사염화탄소	930	23~27
에탄올	1,150	23~27
물	1,500	23~27
바닷물	1,513	20
벤젠	1,295	23~27
수은	1,450	23~27

③ 고체 속의 음속

고체	자유고체의 종파의 속도(m/s)	자유고체의 횡파의 속도(m/s)
유리	5,440	–
금	3,240	1,220
얼음	3,230	1,600
콘크리트	4,250~5,250	–
스테인리스강	5,790	3,100
철	5,950	3,240
구리	5,010	2,270
베릴륨	12,890	8,880
폴리에틸렌	1,950	540

6 토의 및 결론

>>>

7 참고문헌

>>>

13 소리공명

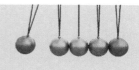

1 목적 $\ggg$

음파의 공명현상을 이해하고, 공명진동수(혹은 주파수)를 구한다.

2 원리 $\ggg$

음파는 진동방향과 이동방향이 같은 종파(longitudinal wave)의 일종이다. 음파는 매질(공기, 물 등)이 있어야 전달이 되며, 이때 매질의 밀도가 높은 부분(한자 용어로 밀하다고 한다)과 낮은 부분(소하다고 한다)이 반복되면서 진행된다. 예를 들면 스피커가 바깥으로 떨리게 되면 근처의 공기알갱이들이 작은 체적 안에 높은 압력으로 만들어져 밀한 상태가 되고, 스피커가 안쪽으로 떨리게 되면 근처의 공기가 넓은 체적 안에 낮은 압력으로 소한 상태가 되면서 음이 퍼져나간다. 정상파(사인 혹은 코사인 형태를 갖는 파)는 관의 끝에서 반사되어 오는 음파와 원래의 음파가 간섭하여 만들어진다. 정상파는 배와 마디를 가지고 있다. 배는 정상파에서 진폭이 최대와 최소로 진동하는 부분이며, 마디는 진동이 없이 고정되어 있는 부분이다. 열린 관에서의 끝부분은 배가 되어야 한다. 그리고 막힌 관에서의 끝부분은 더 이상 이동할 곳이 없으므로 마디가 되어야 한다. 관속에서 음파는 양쪽 끝을 오가며 반사를 여러 번 일으킨다. 이와 같이 여러 번의 반사되는 동안 서로 중첩되어 일반적으로는 작은 진폭을 갖게 된다.

하지만 모든 반사파가 같은 위상을 가지고 있을 때 최대진폭을 갖는 현상이 나타나는데, 이때의 진동수를 공명진동수(resonant frequency)라고 부른다.

3. 준비물 >>>

- 관의 공명장치
- 오실로스코프(oscilloscope)
- 함수발생기(function generator)

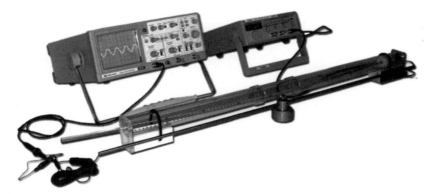

그림 1 실험준비물

4. 방법 >>>

1. 실험 1 : 열린 관과 닫힌 관에서의 공명진동수 측정

❶ 그림 1을 참조하여 그림 2와 같이 장치를 설치한 후 관의 길이(L_0)를 측정하고 기록한다.

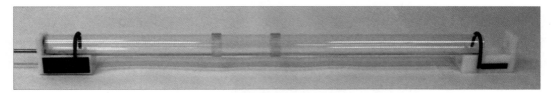

그림 2 열린 관의 공명실험

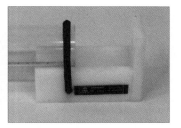

그림 3 열린 관의 공명실험의 양쪽 끝 설치모양

❷ 그림 3의 왼쪽 그림처럼 스피커와 관의 거리는 5~10 mm 가량 유지하고 오른쪽은 5 cm 이상 유지시킨다.

❸ 함수발생기의 진동수 대역을 1 kHz 모드로 하고 진동수를 50 Hz가 되도록 조절한 후 오실로스코프에서 신호가 나오는지 확인한다.

❹ 함수발생기의 진동수를 서서히 증가시키면서 오실로스코프에 나타난 출력파형을 관측한다. 출력파형의 상대적 최댓값을 나타내는 지점들이 있는데, 이 진동수가 공명진동수가 된다. 가장 낮은 공명진동수(f_0)를 표에 기록한다.

❺ 진동수를 증가시켜가며 새로운 공명지점의 진동수(f_n)를 찾아 측정하여 기록한다.

❻ 같은 방법으로 반복실험한다.

❼ 닫힌 관 실험에서는 관의 오른쪽을 막은 다음 같은 방법으로 반복실험한다.

❽ 실험이 끝났으면 실험적으로 얻은 값과 이론적으로 구한 공명진동수 간의 퍼센트 오차를 구한다. 열린 관인 경우 $n = 1, 2, 3, 4, 5, \cdots$이고, 닫힌 관인 경우는 $n = 1, 3, 5, 7, \cdots$로 하여 계산한다.

2. 실험 2 : 튜브의 길이에 따른 공명진동수 측정

❶ 실험 1에서와 같이 왼쪽의 스피커는 그대로 둔 상태에서 그림 4처럼 소리반사 피스톤을 관에 장착한다.

❷ 반사 피스톤(a)을 오른쪽으로 밀착시켜 한쪽 끝이 닫힌 관 형태가 되게 해준 상태에서 함수발생기의 진동수를 조절하여 $n = 5$인 공명진동수를 맞춘다.

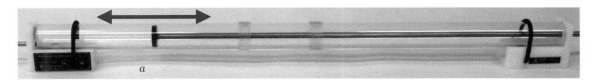

그림 4 튜브의 길이에 따른 공명진동수 측정실험

❸ 그림 4에서 플런저를 사용하여 피스톤(a)을 서서히 스피커로부터 후퇴시키면서 공명지점들을 측정하여 기록한다.

❹ 실험값과 이론값을 구해보고 퍼센트 오차를 구해보라.

$$\text{실험값} : v_t = f_n \cdot \frac{4L}{n}, \qquad \text{이론값} : v_t = v_0 \cdot \sqrt{1 + \alpha t} = 331.5 \cdot \sqrt{1 + \frac{1}{273}t}$$

5 결과

실험 1 열린 관과 닫힌 관의 공명진동수 측정

열린 관				닫힌 관			
공명진동수(Hz)	f/f_1	이론진동수	오차(%)	공명진동수(Hz)	f/f_1	이론진동수	오차(%)
$f_1 =$				$f_1 =$			
$f =$				$f =$			
$f =$				$f =$			
$f =$				$f =$			

① f/f_1과 이론진동수를 계산하여 넣어라. 이론진동수(f)는 다음 식에 따라 구한다.

• 열린 관의 이론진동수 : $f = \dfrac{nv}{2(L + 0.8d)}$ ($n = 1,\ 2,\ 3,\ 4,\ 5,\ \dots$)

• 닫힌 관의 이론진동수 : $f = \dfrac{nv}{4(L + 0.4d)}$ ($n = 1,\ 3,\ 5,\ 7,\ 9, \dots$)

② f/f_1의 값이 각각 n배수의 값이 나오는지 확인한다. n배수의 값이 나오지 않는다면 기본진동수(f_1)를 잘못 찾은 것이다.

실험 2 튜브의 길이에 따른 공명진동수 측정

진동수(Hz)	실험값 위치(L)	이론값 위치	파장(λ)	음속(m/s)	퍼센트 오차(%)

• 막힌 관의 이론진동수 : $f = \dfrac{nv}{4(L + 0.4d)}$ ($n = 1,\ 3,\ 5,\ 7,\ 9, \dots$)

6 토의 및 결론

>>>

7 참고문헌

>>>

14 작용 – 반작용(물 로켓)

1 목적 〉〉〉

물 로켓을 제작하여 로켓이 날아가는 원리를 알아본다. 이 실험은 유체역학의 기본원리를 익히고 운동방정식을 풀어 로켓이 더 높이 더 멀리 날아갈 수 있는 방법을 탐구하는 데 큰 목적이 있다. 유체역학 및 열역학의 기본원리는 강의교재 9장과 10장에서 자세히 다루어지고 있으므로 이를 참고하여 예비보고서를 작성하기 바란다.

2 원리 〉〉〉

1. 물 로켓 원리에 대한 가정들

① 우리는 공기를 완전기체(ideal gas ; 보통 이상기체라고 부른다)로 가정한다. 물론 완전기체는 존재하지 않지만 완전기체는 압력과 온도를 갖는 일반기체에 대한 좋은 접근방법을 제공하는 기본성질을 갖는다. 완전기체에 대한 정의와 그 원리들을 강의교재에서 익히기 바란다.

② 공기에 관한 다른 가정은 발사와 로켓이 텅 비는 순간 사이의 시간이 매우 짧아서 압축공기는 그 대기와 열을 교환할 수 없다고 보는 것이다. 이런 종류의 기체팽창을 단열팽창이라고 한다.

③ 공기에 관한 또 하나의 가정은 온도에 관한 것이다. 로켓 안으로 유입된 공기는 로켓 밖에 있는 공기와 같은 온도라고 가정한다. 공기는 꽤 천천히 펌핑되고(발사 시 공기가 방출되는 시간과 비교해서), 물은 냉매로 작용할 수 있다는 사실로부터 이러한 가정은 타당성을 갖는다. 이런 가정을 하게 되는 다른 이유는 공기가 압축상태일 때 공기가 다시 냉각되기 전에 상당히 빠르게 온도를 측정해야 하는데, 병 안에 있는 온도를 측정할 수 없다는 사실을 들 수 있다.

④ 또 다른 가정은 물과 관계가 있다. 즉 물은 압축될 수 없고 다소간의 마찰도 없는 비압축성 유체라고 가정한다. 이 가정에 의해 우리는 베르누이의 법칙을 사용할 수 있다.

⑤ 공기가 로켓 안으로 유입된 후에 발사대는 닫힌다고 가정한다. 그렇지 않다면 모든 호스의 부피를 알아야 하는 어려움에 봉착하기 때문이다. 발사대에 떨어지는 물의 양을 고려할 때 모든 것이 수십 분의 1초 내에 발생하기 때문에 발사대에 떨어지는 물의 양은 사실상 매우 적어 이러한 가정은 타당성을 갖는다.

⑥ 발사대가 초기단계에서 물의 누출을 막도록 로켓을 완벽하게 고정하고 있다고 가정한다.

⑦ 베르누이의 법칙을 사용하여 로켓 비행의 초기조건과 로켓 내의 압력변화를 계산할 수 있다고 가정한다. 베르누이의 법칙을 사용하기 위해서는 '로켓이 실린더이다'라는 가정이 필요하다.

2. 로켓이 날아가는 이유

로켓 안의 압축공기는 스프링처럼 작용하여 로켓을 위로 올리고 물은 아래로 내려간다. 압축공기가 로켓을 위로 올린다면 물은 왜 필요할까? 그 이유는 로켓의 관성(무게)이 공기의 관성(무게)보다 훨씬 크기 때문이다. 압축공기는 로켓을 위로 올리지만 로켓 역시 압축공기를 아래로 밀어낸다. 따라서 로켓이 얼마간의 속도에 도달하는 어느 시간까지 방출되어야 하는 공기는 이미 로켓의 밖에 있게 되며(이 공기는 상대적으로 작은 질량 때문에 보다 큰 가속도를 갖는다) 결국 추진력이 없게 된 로켓은 더 이상 날지 못하게 된다.

(1) 1 단계

로켓은 발사대를 사용하여 발사된다. 그것은 샴페인병에서 '펑' 하고 소리내며 나가는 코르크와 같다. 물론 로켓의 경우는 코르크가 그 자리에 남아 있으면서 페트병이 날아가는 경우이다. 실험계는 로켓, 압축공기, 로켓 안의 물로 구성되어 있으며 여기에 작용하는 힘들은 중력, 로켓 밖의 공기의 압력과 뉴턴의 제3법칙에 따르는 발사대의 반작용에 의한 힘 등이다.

① 발사대와 반작용의 힘

물체가 발사대에서 느끼는 힘은 로켓의 압축공기가 발사대에 작용하는 힘과 같은 크기를 갖는다.

$$F = p \cdot A$$

여기서 A는 발사대의 면적이고, p는 로켓의 압력이다.

$$A = \pi \cdot r^2 = \pi \left(\frac{d}{2} \right)^2$$

여기서 r은 발사대의 반경이고, d는 지름이다.

② 대기압력

대기압력을 살펴보면, 거의 모든 곳에서 로켓의 반대편에 작용하는 힘이 서로 상쇄됨을 알 수 있다. 오직 발사대 위쪽에서 상쇄되지 않는 힘이 있다. 위 "① 발사대와 반작용의 힘"에서 그 면적은 같지만, 여기서 p는 대기압력이다. 그 힘은 아래쪽을 향하고 있기 때문에 부호는 같다.

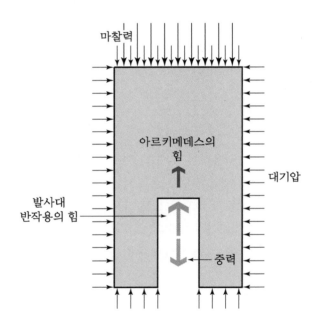

③ 마 찰

물체가 속도를 가질 때 마찰력은 진행방향과 수직으로 물체의 면적, 공기의 밀도 그리고 속도의 제곱에 비례한다. 물론 물체의 마찰력(f_d)이 작을수록 공기의 저항은 작아진다. 마찰력은 다음과 같이 주어진다.

$$F_{friction} = - \frac{\rho_{air} \cdot A_{perpendicular} \cdot \nu^2 \cdot f_d}{2}$$

페트병의 f_d는 약 0.3~0.4이다.

④ 중 력

중력은 물체의 질량과 관계되므로 우선 로켓계의 질량을 계산하여야 한다. 우선 로켓에 채워진 물의 질량은

$$m_{water} = \gamma \cdot V_{rocket} \cdot \rho_{water}$$

이다. 여기서 γ는 로켓, 즉 페트병 안에 들어 있는 물과 공기의 비율이다. 여기서 물의 밀도 $\rho_{water} = 1{,}000\ \text{kg/m}^3$이다.

이제 로켓 안에 있는 공기의 질량을 계산할 필요가 있다. 물은 공기에 비하여 매우 무겁기 때문에 큰 차이가 없는 것처럼 보이나 공기를 무시하면 약 2% 정도 낮게 나타난다. 공기의 무게, 즉 질량은

$$m = \frac{p \cdot V \cdot M}{R \cdot T}$$

으로 표현된다. 여기서 V는 공기의 부피(로켓의 부피 – 물과 발사대의 부피)이고, T는 켈빈 단위의 바깥 온도이며, p는 공기가 압축된 후 로켓의 초기압력이다. 여기서 R은 보편기체상수이다. 강의교재 10장을 자세히 공부하기 바란다.

$\gamma = 0.33$이고 초기압력이 500,000 Pascal(대기압의 약 5배)인 3리터 로켓인 경우 공기의 질량은 약 12 g 정도 된다. 이 크기의 로켓 질량은 200 g 정도임을 감안할 때 무시할 수 없는 질량이라는 것을 알 수 있다. 따라서 로켓계의 중력은 다음과 같다.

$$F_{gravitation} = -\left(m_{rocket} + \gamma \cdot V_{rocket} \cdot \rho_{water} + \frac{p \cdot V_{air} \cdot M}{R \cdot T}\right) \cdot g$$

여기서 음의 부호는 힘이 아래를 향하고 있음을 의미한다.

(2) 2단계

물의 분사단계이다. 물 외에 다른 액체로 로켓을 채울 수도 있다. 로켓은 밀도가 높은 다른 액체를 사용하면 더 높게 날 수 있다. 발사대는 더 이상 로켓을 고정하고 있지 않기 때문에 발사대의 반작용 힘은 없어진다. 이제부터는 물의 분사력, 즉 로켓 내부의 공기압력이 추진동력으로 작용한다. 이 공기압력이 처음에는 발사대를 미는 반작용력의 역할을 하였고 이제 물을 밖으로 밀어내며 추진력의 역할을 하는 것이다.

① 마찰력

마찰력은 일정하게 유지된다.

$$F_{friction} = -\frac{\rho_{air} \cdot A_{perpendicular} \cdot v^2 \cdot f_d}{2}$$

② 중력

물이 분사되기 때문에 이 단계 동안에 중력은 일정하게 변한다. 만약 h가 로켓의 밑에서부터 측정되는 로켓 안에서의 물의 높이라면 로켓계의 질량은 다음과 같다.

$$m = m_{rocket} + \gamma \cdot A_1 \cdot h \cdot \rho_{water} + \frac{p \cdot V_{air} \cdot M}{R \cdot T}$$

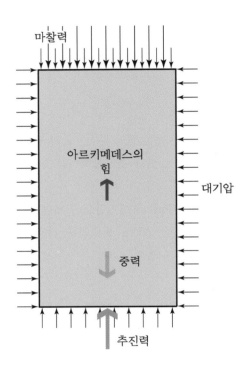

③ 물의 분사

추진력은 뉴턴 법칙을 사용해서 얻을 수 있으며, 다음과 같은 공식을 사용해서 계산된다. 여기서 물의 질량변화가 수반됨을 주의하라.

$$F = \frac{dm}{dt} \cdot (v_2 - v_1)$$

이제 두 개의 속도를 계산하여 보자. 로켓 내부의 물 부피의 감소(V_1)는 이 시간(dt) 동안에 분사하는 물의 부피(V_2)와 같고, 유체에 대한 연속방정식을 적용하면 다음과 같은 식들을 얻는다.

$$V_1 = V_2$$

$$A_1 \cdot x_1 = A_2 \cdot x_2$$

$$A_1 \cdot v_1 \cdot dt = A_2 \cdot v_2 . dt$$

$$A_1 \cdot v_1 = A_2 \cdot v_2$$

그리고 유체에 대한 베르누이 방정식으로부터

$$p + \rho g h + \frac{1}{2}\rho v^2 = \text{일정}$$

이다. 그런데 로켓계(rocket system)는 가속이 되고 있으므로 가속도를 a 라 하면

$$p + \rho(a+g)h + \frac{1}{2}\rho v^2 = \text{일정}$$

과 같은 관계식을 얻는다.

3 준비물

- 페트병 3개
- 앞부분(두꺼운 종이로 제작하여도 됨)
- 날개(두꺼운 종이, 책받침, 아크릴판 등)
- 기타(접착테이프 등)

4 방법

실험 1 물 로켓의 제작방법

❶ 몸체 만들기 : 페트병을 그림과 같이 절단하고 위와 아랫부분은 버린다.

❷ 윗구멍 막기 : 윗구멍을 박스테이프나 스카치테이프로 완전히 막는다.

❸ 선부 만들기 : 앞부분과 몸체부분을 접착테이프로 완전히 붙인다.

❹ 압축탱크 만들기 : 압축탱크용 페트병을 온전한 그림과 같이 연결하고 연결부위를 스카치테이프로 붙인다.

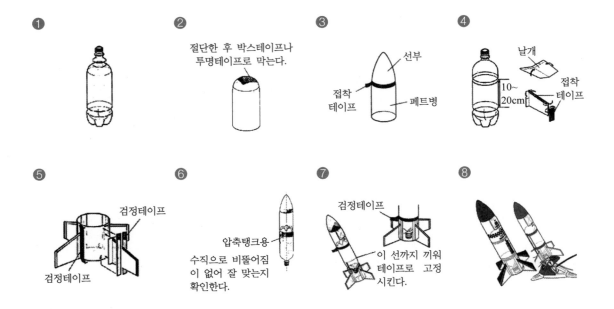

① ② 절단한 후 박스테이프나 투명테이프로 막는다. ③ 접착 테이프 / 선부 / 페트병 ④ 날개 / 접착 테이프 / 10~20cm

⑤ 검정테이프 / 검정테이프 ⑥ 압축탱크용 / 수직으로 비뚤어짐이 없어 잘 맞는지 확인한다. ⑦ 검정테이프 / 이 선까지 끼워 테이프로 고정시킨다. ⑧

⑤ 날개 만들기 : 날개부분에 필요한 페트병을 그림과 같이 잘라서 만들고, 날개를 2중면으로 제작하여 페트병에 붙인다. 이때 4개의 날개는 각각 90도가 되도록 한다.

⑥ ⑦ 날개 장착하기 : 그림과 같이 날개를 탱크에 장착하고 테이프를 약간 잡아당기듯이 하여 붙인다.

⑧ 발사대에 장착한다.

6 토의 및 결론

7 참고문헌

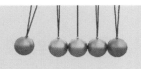

실험 15 금속의 밀도측정

1 목적

용수철저울을 이용하여 고체시료의 무게를 측정하고 아르키메데스의 원리를 적용하여 고체시료의 밀도를 구한다. 밀도, 아르키메데스의 원리 등은 강의교재 10장에 자세히 나와 있다. 참고하기 바란다.

2 원리

물질의 특성을 나타내는 밀도는 물질의 단위부피당 질량을 말한다. 이와 반면에 비중은 상대밀도, 즉 표준물질에 대한 어떤 물질의 밀도의 비를 말한다. 표준물질이란 물질의 상태에 따라서 다른데, 고체와 액체는 4℃의 순수한 물의 밀도를 표준으로 하고, 기체의 경우에는 0℃, 1기압에서의 공기의 밀도를 표준으로 한다. 한편, 밀도 또는 비중을 측정하기 위한 편리한 방법은 아르키메데스의 원리를 이용하는 것이다. 이 원리는 다음과 같다. "액체에 잠긴 물체를 위쪽으로 밀어올리는 힘은 잠긴 물체의 체적(부피)에 해당되는 액체의 무게와 같다." 이 힘을 부력이라고 부르고, 이 부력은 배제된 액체의 중심에 작용한다. 유체의 일부에 작용하는 힘을 고려하고 정적 평형상태에서 알짜힘(net force)이 0이라는 사실을 이용하여 뉴턴의 법칙을 이용하면 뉴턴의 법칙으로부터 아르키메데스의 원리를 유도할 수가 있다. 그림 1(a)는 유체에 잠겨 있는 물체의 무게를 측정할 때 물체에 작용하는 수직방향의 힘을 나타낸 것이다.

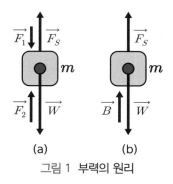

그림 1 부력의 원리

이때 물체에 작용하는 힘들은 아래쪽으로 작용하는 중력 $\overrightarrow{W}$, 용수철이 잡아당기는 위쪽 방향의 힘 $\overrightarrow{F_S}$, 물체의 위에 있는 유체가 물체의 윗면에 작용하는 아래쪽 힘 $\overrightarrow{F_1}$, 그리고 유체가 물체의 밑면에 작용하는 위쪽 방향의 힘 $\overrightarrow{F_2}$ 등이다. 용수철저울의 눈금이 공기 중에서의 물체의 무게보다 작은 힘을 보이므로 힘 $\overrightarrow{F_2}$의 크기는 힘 $\overrightarrow{F_1}$의 크기보다 커야 한다.

이러한 두 힘 사이의 차이가 부력 $\overrightarrow{B} = \overrightarrow{F_2} - \overrightarrow{F_1}$이다. 부력은 물체의 밑면에 작용하는 유체의 압력이 물체의 윗면의 압력보다 크기 때문에 생긴다.

그림 1(a)는 무게 $\overrightarrow{W}$, 용수철의 힘 $\overrightarrow{F_S}$, 둘러싼 유체가 가하는 힘 $\overrightarrow{F_1}$과 $\overrightarrow{F_2}$가 나타난 자유물체도를 나타내며, (b)는 유체가 물체에 가하는 알짜힘인 부력 $\overrightarrow{B} = \overrightarrow{F_2} - \overrightarrow{F_1}$을 보여주고 있다. 이러한 결과는 잠긴 물체의 모양에 의존하지 않는다. 불규칙적인 모양을 한 정적 유체의 일부를 고려해보면 주위의 유체에 의한 불규칙한 모양의 물체에 미치는 부력은 그 모양의 유체의 무게와 같아야 한다. 이것이 아르키메데스의 원리의 핵심이다.

아르키메데스는 히에론 2세를 위하여 만들어진 왕관이 순금으로 만들어졌는지, 아니면 구리와 같이 값이 싼 다른 금속과 혼합되었는지를 왕관에 흠집을 내지 않고 판별해달라는 부탁을 받았다. 아르키메데스의 고민은 불규칙적인 모양을 한 왕관의 밀도가 금의 밀도와 같은지를 확인하는 것이었다. 알려진 바에 의하면, 아르키메데스는 자신이 욕조에 있는 동안 해결책을 찾아내자마자 맨몸으로 "유레카(알아냈다!)"라고 외치면서 시라큐스 거리로 뛰쳐나왔다고 한다. 아르키메데스가 발견한 것은 왕관의 밀도를 금의 밀도와 비교하기 위해 양팔저울을 놓고 한쪽 팔에는 왕관을, 다른 한쪽 팔에는 왕관과 같은 무게의 순금을 올려놓은 후 왕관과 금을 물에 잠기게 하였다. 만약 왕관 쪽이 올라간다면 왕관의 부력이 금의 부력보다 크다는 것을 알 수 있고, 이는 곧 왕관에 의해 밀려난 물의 부피가 금에 의해 밀려난 물의 부피보다 크다는 것을 의미한다. 즉 왕관의 밀도가 금의 밀도보다 작다는 것을 알 수 있다. 물체의 비중은 물체의 무게를 같은 부피의 물의 무게로 나는 값이다. 아르키메데스의 원리에 의하면 같은 부피의 물의 무게는 물에 잠긴 물체에 작용하는 부력과 같으므로 비중은 무게를 물속에서의 부력으로 나눈 값과 같다.

이를 식으로 나타내면 먼저 공기 중에서 물체의 무게 ($\vec{W}$)를 측정해야 한다. 용수철저울에 물체를 매달아 쉽게 물체의 질량(m_a)을 측정할 수 있다. 물체의 무게 $\vec{W}$ 는

$$\vec{W} = m_a g \tag{1}$$

이다. 또 물속에서의 물체의 질량(m_w)을 측정하면, 부력과 물속에서의 물체의 무게의 합은 $\vec{W}$ 와 같으므로 부력 $\vec{B}$ 는

$$\vec{B} = \vec{W} - m_w g = (m_a - m_w) g$$

로 주어진다. 따라서 비중 S는 다음과 같이 된다.

$$S = \frac{m_a g}{(m_a - m_w) g} S_T \tag{2}$$

여기서 S_T는 $T\,℃$에서의 물의 비중이다. 따라서 용수철저울에 달린 용수철 눈금의 기준점을 n_0라 하고, 공기 중에서의 물체의 무게에 해당하는 눈금을 n_1, 물속에서의 물체의 무게에 해당하는 눈금을 n_2라 하면 $n_1 - n_0$는 공기 중에서의 물체의 무게에 비례하고, $n_2 - n_0$는 물속에서의 물체의 무게에 비례하게 된다. 따라서 물체와 같은 부피의 물 무게(부력)는 $n_1 - n_2$에 비례하게 되며 비중 S는 식 (3)과 같이 된다.

$$비중(S) = \frac{m_a}{m_a - m_w} S_T = \frac{n_1 - n_0}{n_1 - n_2} S_T \tag{3}$$

3 　준비물 　　　　　　　　　　　　　　　　　　　　　　　　 >>>

- 용수철저울
- 수평기
- 시료
- 비커(500 mL)
- 디지털온도계
- 역학종합실험판
- 서포트 잭

그림 2 실험준비물

4 방법

❶ 용수철저울의 위치를 정하고 수평기를 사용하여 수직상태를 확인한다.

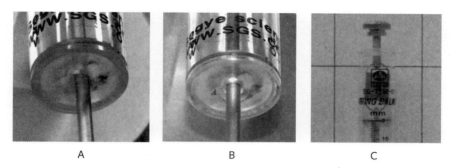

A   B   C

그림 3 용수철저울의 수직상태 확인 및 영점조절

❷ 위 그림 3A는 수직정렬 상태가 불량한 경우이다. 장치의 높이조절나사들을 사용하여 B와 같은 상태가 되면 C처럼 조절나사를 사용하여 영점(n_0)을 세팅한다.

❸ 용수철 게이지의 스프링 고리에 알루미늄 시료를 달고 그림 4A와 같이 공기 중에서 늘어난 길이(n_1)를 측정하여 표에 기록한다. 이때 물기 및 이물질을 제거한 후 측정해야 한다.

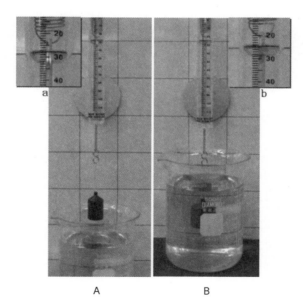

A   B

그림 4 물 밖과 안에서 용수철의 길이비교

❹ 물(3/4 정도)을 담은 비커를 서포트 잭에 넣은 후 서서히 올려가며 시료가 물에 완전히 잠겼을 때 늘어난 길이(n_2)를 측정하고 표에 기록한다.

❺ 시료를 바꿔가며 위 실험을 반복한다.

❻ 위와 같은 방법으로 실험을 반복하여 평균값을 구하고, 아래 식을 사용하여 고체시료의 비중을 계산하고 표 2를 참고하여 시료의 주성분이 무엇인지 판단한다.

$$비중(S) = \frac{m_a}{m_a - m_w} S_T = \frac{n_1 - n_0}{n_1 - n_2} S_T$$

표 1 물의 비중($\times 10^{-5}$)

온도	0℃	1℃	2℃	3℃	4℃	5℃	6℃	7℃	8℃	9℃
1℃	99987	99993	99997	99999	10000	99999	99997	99993	99988	99981
10℃	99973	99963	99952	99940	99927	99913	99897	99880	99862	99843
20℃	99823	99802	99780	99757	99733	99707	99681	99654	99626	99597
30℃	99568	99537	99505	69473	99440	99406	99371	99336	99299	99262
40℃	99220	99190	99150	99110	99070	99020	98980	98940	98900	98850
50℃	98810	98760	98720	98670	98620	98570	98530	98480	98430	98380
60℃	98320	98270	98220	98170	98110	98060	98010	97950	97890	97940
70℃	97780	97720	97370	97610	97550	97490	97430	97370	97310	97250
80℃	97180	97120	97060	96990	96930	96870	96800	96730	96670	9660
90℃	96530	96470	96400	96330	96260	96190	96120	96050	95980	95910
100℃	95480	95770	95690							

표 2 금속의 비중

원소명	비중
알루미늄(Al)	2.70
철(Fe)	7.86
구리(Cu)	8.93
황동(합금)	8.4

5 결과

실험 1 시료 1에 대한 측정값 및 계산

물의 온도 :　　℃, 물의 밀도 :

횟수	n_0	시료 1(길이단위 :　　)			
		n_1	$n_1 - n_0$	n_2	$n_1 - n_2$
1					
2					
3					
4					
5					
평균					
비중(실험)					
시료의 주성분(표 2 참조)					
오차(%)					

실험 2 시료 2에 대한 측정값 및 계산

물의 온도 :　　℃, 물의 밀도 :

횟수	n_0	시료 2(길이단위 :　　)			
		n_1	$n_1 - n_0$	n_2	$n_1 - n_2$
1					
2					
3					
4					
5					
평균					
비중(실험)					
시료의 주성분(표 2 참조)					
오차(%)					

시료 3에 대한 측정값 및 계산

물의 온도 :　　　℃, 물의 밀도 :

횟수	n_0	시료 3(길이단위 :　　)			
		n_1	$n_1 - n_0$	n_2	$n_1 - n_2$
1					
2					
3					
4					
5					
평균					
비중(실험)					
시료의 주성분(표 2 참조)					
오차(%)					

시료 4에 대한 측정값 및 계산

물의 온도 :　　　℃, 물의 밀도 :

횟수	n_0	시료 4(길이단위 :　　)			
		n_1	$n_1 - n_0$	n_2	$n_1 - n_2$
1					
2					
3					
4					
5					
평균					
비중(실험)					
시료의 주성분(표 2 참조)					
오차(%)					

6. 토의 및 결론 >>>

7. 참고문헌 >>>

16 Young률 측정

1 목적　　　　　　　　　　　　　　　　　　　　　　　　　　　　　　　　　　　　　　　>>>

철사의 한 끝을 고정시키고 다른 끝에 추를 매달아 추로 인하여 늘어난 길이를 측정하여 Young률을 측정한다. 여기서 Young률은 물질의 고유성질 중 하나이다.

2 원리　　　　　　　　　　　　　　　　　　　　　　　　　　　　　　　　　　　　　　　>>>

그림 1에서와 같이 한쪽 끝을 고정하고 힘 F를 다른 끝에 가하면 철삿줄의 길이가 e만큼 늘어난다. 탄성한계 내에서 가해진 힘과 늘어난 길이는 Hooke의 법칙을 따르게 된다.

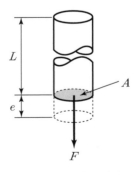

그림 1 철사의 늘어남

즉, 철삿줄의 탄성변형 영역 내에서는 단위면적당 가해진 힘$\left(\dfrac{F}{A}\right)$과 단위길이당 늘어난 길이$\left(\dfrac{e}{L}\right)$는 비례하게 된다.

여기서 F는 변형력의 합이고 A는 힘에 작용하는 면적, e는 길이의 변화, L은 원래의 길이다. 이때 비례상수를 Young률이라고 하며 보통 Y로 표기한다.

$$\frac{F}{A} = Y\frac{e}{L} \tag{1}$$

실험에서 사용되는 철삿줄인 경우 반지름이 r인 원통형으로 볼 수 있기 때문에 이에 대한 Young률 (Y)은 식 (2)와 같이 나타난다.

$$Y = \frac{\dfrac{Mg}{\pi r^2}}{\dfrac{e}{L}} = \frac{MgL}{\pi r^2 e} \tag{2}$$

3 준비물 　　　　　　　　　　　　　　　　　　　　　　　》》》

- 추(2,500 g)
- 자
- 마이크로미터
- 시료(황동, 철)
- Young률 측정장치
- 추걸이
- 수평계

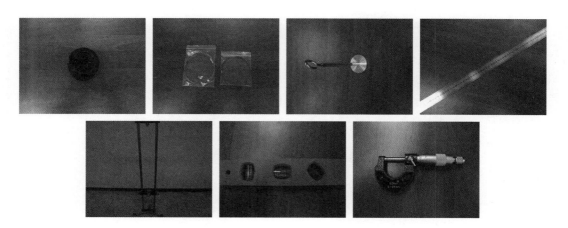

그림 2 실험준비물

❶ 금속시료(황동, 철) 막대를 준비하고, 마이크로미터를 사용하여 시료의 반지름을 측정한다.

❷ 그림 3의 측정장치 P 부분과 아래쪽 P′ 부분의 조임틀을 풀고 P′ 부분의 조임틀 구멍 사이로 시료를 밀어넣는다.

❸ 금속시료를 P′(아래쪽) 부분의 조임틀 속으로 밀어올려 P(위쪽) 부분의 조임틀 속까지 가게 한 후 고정시킨다.

❹ 시료의 끝에 추걸이를 건다.

❺ 그림 3의 나사 M을 이용하여 S 부분의 수평계의 물방울이 중앙으로 오게 하여 수평을 맞춘다(그림 4 참조).

❻ 추 500 g을 추걸이에 걸고 ❺와 같은 방법으로 수평을 맞춘다. 그 후 M과 M′를 보고 늘어난 길이를 측정한다(그림 3 참조).

❼ ❻과 같은 방법으로 2,500 g까지 반복한다. 그 후 500 g씩 무게를 줄이며 다시 측정한다.

❽ 시료의 반경을 마이크로미터를 이용하여 측정한 후 실험 전 측정한 값과 합하여 평균을 낸다.

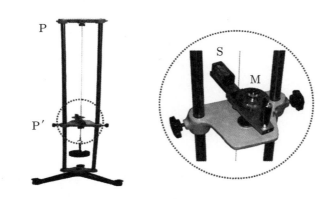

그림 3 Young률 측정장치

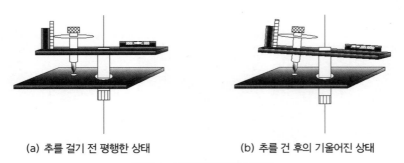

(a) 추를 걸기 전 평행한 상태　　　　(b) 추를 건 후의 기울어진 상태

그림 4 수평계 기울기의 변화

5 결과

실험 1 시료 1

추(g)	마이크로미터 눈금		
	증가할 때(mm)	감소할 때(mm)	평균(mm)
500			$L_0=$
1,000			$L_1=$
1,500			$L_2=$
2,000			$L_3=$
2,500			$L_4=$
3,000			$L_5=$
1,500 g일 때 늘어난 길이	$L_3 - L_0$		mm
	$L_4 - L_1$		mm
	$L_5 - L_2$		mm
	평균 e		mm

	시료 1의 지름(mm)	
	실험 전	실험 후
1		
2		
3		
4		
5		
평 균		

질 량(M)	1,500 g
늘어난 길이(e)	cm
철사의 길이(L)	cm
철사의 반경(r)	cm
영률(Y)	dyne/cm^2
Y(표준) : 철	20×10^{11} dyne/cm^2
% 오차	%

$$Y = \frac{\dfrac{Mg}{\pi r^2}}{\dfrac{e}{L}} = \frac{MgL}{\pi r^2 e}$$

황동선

추(g)	마이크로미터 눈금		
	증가할 때(mm)	감소할 때(mm)	평균(mm)
500			$L_0=$
1,000			$L_1=$
1,500			$L_2=$
2,000			$L_3=$
2,500			$L_4=$
3,000			$L_5=$
1,500 g일 때 늘어난 길이	L_3-L_0		mm
	L_4-L_1		mm
	L_5-L_2		mm
	평균 e		mm

	시료 2의 지름 (mm)	
	실험 전	실험 후
1		
2		
3		
4		
5		
평 균		

질량(M)	1,500 g
늘어난 길이(e)	cm
시료의 길이(L)	cm
시료의 반경(r)	cm
영률(Y)	dyne/cm^2
Y(표준) : 황동	10.5×10^{11} dyne/cm^2
%오차	%

$$Y = \frac{\dfrac{Mg}{\pi r^2}}{\dfrac{e}{L}} = \frac{MgL}{\pi r^2 e}$$

6 토의 및 결론 >>>

7 참고문헌 >>>

17 고체의 선팽창계수 측정

1 목적

>>>

금속에 열을 가하면 원자진동의 평균진폭이 커져서 원자 간의 평균거리가 커진다. 이를 실험으로 알아보고 또한 선팽창계수를 구해본다.

2 원리

>>>

대부분의 물체는 온도가 상승함에 따라 그 물체를 형성하고 있는 분자들의 열운동에 의해 팽창을 한다. 따라서 금속막대가 열을 받으면 그 길이가 늘어난다.

어떤 금속막대의 0℃의 길이를 L_0라 하면, 온도에 따라 그 길이가 변하므로 t℃에서 이 막대의 길이 L은

$$L = L_0(1 + \alpha t + \beta t^2 + \gamma t^3 + ...) \tag{1}$$

으로 나타낼 수 있다. 여기서 α, β, γ는 물질의 특성에 관계되는 매우 작은 값의 상수이다. 그러나 β 이하의 항은 α에 비해 매우 작아서 측정하고자 하는 온도범위 내에서는 무시할 수 있다. 따라서 식 (1)은

$$L = L_0(1 + \alpha t) \tag{2}$$

또는

$$\alpha = \frac{L - L_0}{L_0 t} \tag{3}$$

이 된다. 이 α를 선팽창계수라고 부른다. 이 경우 0℃와 t℃ 사이에서의 평균 선팽창계수를 뜻하며 고체의 경우 대개 $10^{-5}/℃$ 정도의 값을 갖는다. 그러나 일일이 0℃일 때의 길이를 재는 것이 곤란하기 때문에 임의의 두 온도 t_1, t_2일 때의 길이 L_1, L_2를 측정하여 비교하면

$$\frac{L_2}{L_1} = \frac{L_0(1 + \alpha t_2)}{L_0(1 + \alpha t_1)} \tag{4}$$
$$= (1 + \alpha t_2)(1 - \alpha t_1 + \alpha^2 t_1^2 + \dots)$$

가 된다. α^2 이상의 항을 무시하면 다음과 같이 된다.

$$L_2 = L_1(1 + \alpha(t_2 - t_1)) \tag{5}$$

따라서 선팽창계수는 식 (6)으로부터 구할 수 있다.

$$\alpha = \frac{L_2 - L_1}{L_1(t_2 - t_1)} = \frac{\Delta L}{L_1 \Delta t} \tag{6}$$

3 준비물

- 선팽창계수 측정장치
- 증기발생기
- 금속막대(철, 구리, 알루미늄)
- 디지털온도계
- 다이얼게이지
- 고무관
- 비커

그림 1 실험준비물

❶ 그림 2처럼 금속막대 시료의 길이(L_1 : a로부터 b까지의 거리)를 측정한다. 이때 마른 장갑을 착용한 후 시료들을 다루어야 한다.

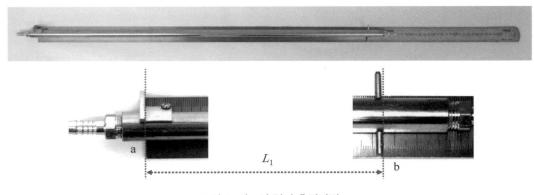

그림 2 시료의 길이 측정방법

❷ 그림 3처럼 다이얼게이지와 금속막대 시료의 측정용 판이 잘 접해 있는지 확인하고 다이얼게이지의 영점을 맞춘다. 즉 다이얼게이지의 큰 바늘이 0에 있도록 한다.

그림 3 시료장착 및 영점조절

❸ 그림 3처럼 증기발생기에 물(2/3 정도)을 채운 후 금속막대 시료와 실리콘 튜브를 연결한다.

❹ 그림 1처럼 금속막대 시료에 디지털온도계를 장착한다.

❺ 그림 1처럼 수증기가 나오는 위치에 실리콘 튜브를 연결하여 비커로 받쳐 놓는다.

❻ 증기발생기의 전원을 켜기 전에 온도(t_1)와 다이얼게이지 영점을 다시 확인한다.

❼ 증기발생기를 켜고 일정시간이 지난 후 온도의 변화와 길이변화가 거의 없는 상태에서 온도(t_2)와 다이얼게이지의 눈금(ΔL)을 정확히 측정하고 기록한다.

❽ 측정이 끝났으면 증기발생기의 전원을 끄고 잠시 후 장갑을 끼고 조심해서 실리콘 튜브를 분리한다. 첫 번째 시료가 식는 동안 다른 시료들을 번갈아 가며 위와 같은 방법으로 실험한다.

❾ 모든 실험이 끝났으면 아래 식을 이용하여 선팽창계수를 산출한다.

$$\alpha = \frac{L_2 - L_1}{L_1(t_2 - t_1)} = \frac{\Delta L}{L_1 \Delta t}$$

5 결과

>>>

시료 1 측정값 및 계산(계산된 선팽창계수를 보아 금속시료는(Al, Cu, Fe)이다.)

횟수	온도			다이얼게이지 눈금			$\alpha = \dfrac{L_2 - L_1}{L_1(t_2 - t_1)} = \dfrac{\Delta L}{L_1 \Delta t}$
	t_1	t_2	Δt	L_1	L_2	ΔL	
1							
2							
3							
4							
5							
평균							

선팽창계수 계산

측정값 및 계산(계산된 선팽창계수를 보아 금속시료는(Al, Cu, Fe)이다.)

횟수	온도			다이얼게이지 눈금			$\alpha = \dfrac{L_2 - L_1}{L_1(t_2 - t_1)} = \dfrac{\Delta L}{L_1 \Delta t}$
	t_1	t_2	Δt	L_1	L_2	ΔL	
1							
2							
3							
4							
5							
평균							

선팽창계수 계산

시료 3 측정값 및 계산(계산된 선팽창계수를 보아 금속시료는(Al, Cu, Fe)이다.)

횟수	온도			다이얼게이지 눈금			$\alpha = \dfrac{L_2 - L_1}{L_1(t_2 - t_1)} = \dfrac{\Delta L}{L_1 \Delta t}$
	t_1	t_2	Δt	L_1	L_2	ΔL	
1							
2							
3							
4							
5							
평균							

선팽창계수 계산

물질명	선팽창계수(α)
알루미늄(Al)	$2.4 \times 10^{-5}/℃$
구리(Cu)	$1.6 \times 10^{-5}/℃$
철(Fe)	$1.2 \times 10^{-5}/℃$

6 토의 및 결론 >>>

7 참고문헌 >>>

실 험

18 전기적 열의 일당량 측정

1. 목적

전기에너지와 전류의 열작용으로 발생된 열량을 측정하여 열의 일당량을 측정한다. 열에 대한 에너지 즉 열량, 열용량 그리고 비열 등에 대해서는 강의교재 11장과 12장을 참고하기 바란다. 그리고 전류 및 저항에 대한 것은 16장을 참고하면 이해가 쉽게 갈 것이다.

2. 원리

역학적 에너지는 열에너지로, 열에너지는 역학적 에너지로 변화시킬 수 있다. 이때, 1 kcal가 일 몇 J(Joule)에 해당하는가를 열의 일당량이라 한다. 따라서 일(W)과 열량(Q) 사이에는

$$W = JQ \qquad\qquad (1)$$

의 관계가 성립하며 J를 열의 일당량이라고 부른다.

한편, 저항 R의 저항선에 전류 I가 t초 동안 흐르면 열을 발생시키는 데 사용된 전기에너지는

$$W = I^2Rt = IVt \qquad\qquad (2)$$

이다. 전기에너지에 의해 발생된 열은 열량계 속의 물과 용기의 온도를 T_1에서 T_2로 상승시키며 발생된 열량의 크기(Q)는

$$Q = c(m + M)(T_2 - T_1) \tag{3}$$

이다. 여기서 m은 물의 질량, M은 용기, 교반기 및 온도계 등의 전체 물당량, 그리고 c는 물의 비열로서 1 cal/g·℃로 한다. 여기서 물당량(M)이라 함은 물과 비열이 다른 물질의 비열을 물과 같다고 할 때 물의 질량 얼마에 해당하는가를 뜻한다.

위의 식 (1), (2)와 (3)으로부터 열의 일당량(J)은

$$J = \frac{IVt}{c(m + M)(T_2 - T_1)} \quad (\text{J/cal}) \tag{4}$$

가 된다.

3 실험장치 〉〉〉

- Joule 열량계
- 온도계(디지털온도계)
- 전선
- 비커
- 전열기
- DC 가변 전원
- 멀티테스터기(2EA)
- 초시계

그림 1 실험준비물

1. 실험 1 : 열량계의 물당량 측정

❶ 디지털저울을 사용하여 상온의 물 150 g(m_1)을 비커에 준비하고 온도를 꽂아 놓는다. 온도(T_1)를 측정하여 기록한다.

❷ 전열기를 사용하여 40~45℃ 사이의 물 150 g(m_2)을 비커에 준비한다. 디지털저울로 측정된 질량을 기록한다.

❸ m_2가 준비되었으면 열량계에 붓고, 교반기가 달린 뚜껑과 온도계를 장착한 후 교반기를 천천히 저어가며 온도변화를 살펴본다.

❹ 온도변화가 거의 없으면(열평형상태) 그때의 온도(T_2)를 측정하여 기록한다.

❺ 한쪽에 준비된 상온상태의 물 온도(T_1)를 측정하여 기록한 후 열량계에 붓고 교반기로 잘 저어 평형상태가 되면 온도(T_3)를 표에 기록한다.

❻ 위와 같은 방법으로 실험이 끝났으면 열량계 안의 물은 모두 버리고 물당량(M)을 산출한다. 물당량은 다음과 같은 식으로부터 얻는다.

$$m_1 c(T_3 - T_1) = (m_2 + M)c(T_2 - T_3)$$

$$M = \frac{m_1(T_3 - T_1)}{T_2 - T_3} - m_2$$

❼ 같은 방법으로 반복실험한다.

2. 실험 2 : 열의 일당량 측정

❶ 그림의 줄의 열량계(①)에 상온상태의 물을 정확히 300 g을 넣고 온도계의 눈금변화가 거의 없을 때까지 천천히 저어준 후 온도(T_1)를 정확히 측정하여 기록한다.

❷ 전원 공급장치(③)에 아무것도 연결하지 않은 상태에서 그림의 전압계(④)의 최대 20 V 측정모드를 사용하여 10 V 정전압이 출력될 수 있도록 세팅한 후 전원을 다시 OFF시켜준다.

❸ 그림 2처럼 회로를 구성한다.

❹ 전원을 ON시킴과 동시에 초시계로 시간측정을 시작한다. 교반기로 서서히(2~3초에 한 번) 저어주며 0.5℃ 간격으로 시작점(T_1)에서 10℃ 상승점까지의 온도(ΔT)와 소요시간(Δt)을 표에 기록한다.

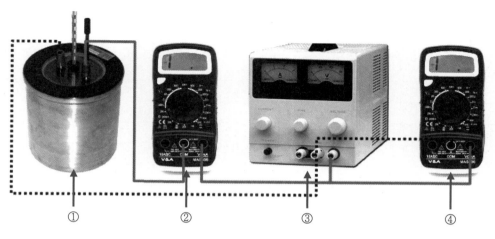

그림 2 열의 일당량 회로구성

⑤ 줄의 열량계에 들어 있는 물을 잘 저어주면서 온도에 따른 전류(I)/전압(V)/소요시간(t)을 측정하여 기록한다. 여기서 물당량(M)은 실험 1에서 계산한 값을 대입한다.

$$J= \frac{IVt}{c(m+M)(T_2 - T_1)}$$

⑥ 위와 같은 방법으로 5회 반복시행한다.

5 결과 ⟫⟫

실험 1 열량계의 물당량(M) 측정

측정값			1	2	3	4	5	평균
1	상온 물의 질량과 온도 (교반기 내의 물)	m_1						
		T_1						
2	끓인 물의 질량과 온도 (온수기로부터 받은 온수)	m_2						
		T_2						
3	최종 평형상태의 온도	T_3						
4	열량계의 물당량	M						

실험 2 열의 일당량($T_0 =$ ℃, $m =$ g, $M =$ g)

	온도(T)	전압(V)	전류(I)	소요시간(t)	ΔT	일당량(J)
단위						
1						
2						
3						
4						
5						
6						
7						
8						
9						
10						
11						
12						
13						
14						
15						
16						
17						
18						
19						
20						
평균 일당량						

※ 확률의 % 오차 $\dfrac{|P_{\exp} - P_{the}|}{P_{the}} \times 100 =$ (%)

6   토의 및 결론 　　　　　　　　　　　　　　　　　　　　　　　　　　　　　　>>>

7   참고문헌 　　　　　　　　　　　　　　　　　　　　　　　　　　　　　　　　　>>>

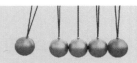

등전위선 측정

1 목적

>>>

물을 담은 수조에 전압을 인가하고, 그 위에 형성된 등전위선을 그리고, 전기장과 등전위선 사이의 관계를 이해한다. 전위에 대한 내용은 강의교재 14장에 자세히 나와 있다. 특히 등전위면과 전기장에 대한 관계가 그림 14.16에 나와 있으니 참고하기 바란다.

2 원리

>>>

대전된 입자 주위에는 전기장이 존재한다. 대전된 입자 주위에 있는 전기장은 그 장이 양의 전하에 가하고 있는 힘의 방향을 나타내는 선들로 표시된다. 그러므로 양으로 대전된 입자 주위의 전기력선은 바깥으로 뻗어나가는 방향으로 향하고, 음으로 대전된 입자 주위의 전기력선은 안쪽으로 들어오는 방향을 향한다. 공간의 한 점에서 전기장의 세기는 그 점에 놓인 대전된 물체에 작용하는 힘의 크기를 그 물체가 띠고 있는 전하의 크기로 나눈 값과 같다.

$$E = \frac{F}{q} \tag{1}$$

강의교재 13장을 참고하기 바란다. 한편, 그 점의 전기적 위치에너지(전위, V)는 단위전하당 위치에

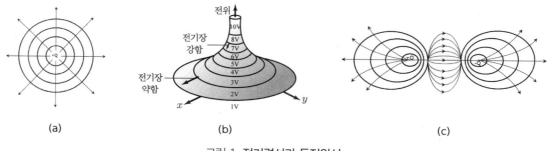

(a) (b) (c)

그림 1 전기력선과 등전위선

너지로 정의된다. 전기장 내에는 같은 전위를 갖는 점들이 존재하는데 이 점들을 연결하면 3차원에서는 등전위면을, 2차원에서는 등전위선을 이룬다.

점전하 Q가 임의의 공간에 위치해 있는 경우, 전기장의 분포를 그림 1(a)에 나타내었다. 전기장은 점전하를 중심으로 방사선 형태로 나타나고 동심원으로 형성된 등전위선은 전기장의 방향과 수직이다. 등전위선은 그림 1(b)와 같이 전위에 대하여 등고선으로 나타낼 수 있다. 등고선의 간격이 좁은 곳일수록 전위 기울기가 급하고 전기장이 강하다. 전기력선의 방향은 곧 전기장벡터의 방향과 같으므로 전기력선의 방향은 등전위면에 수직이다. $+Q$의 점전하와 $-Q$의 점전하가 공간에 놓여 있을 때, 전기력선과 등전위선은 그림 1(c)와 같다.

3 준비물 　　　　　　　　　　　　　　　　　　　　　　》》》

- 등전위선 측정장치
- 이동 검침봉
- 멀티테스터
- 여러 모양의 전극
- DC 가변 전원
- 전선

그림 2 실험준비물

❶ 수조 안을 깨끗이 닦은 후 500 mL 가량의 물을 넣고 수평기를 사용하여 물이 균일하게 분포할 수 있도록 한다. 수평상태에 따라 등전위선의 모양이 변형될 수 있다. 그 이유에 대하여 생각해보라.

❷ 전압계를 사용하여 전원에서 일정전압이 출력될 수 있도록 세팅(5~10 V 사이)한 후 전원을 OFF 시킨다.

❸ 그림 3처럼 회로를 구성한다(전원 OFF 상태).

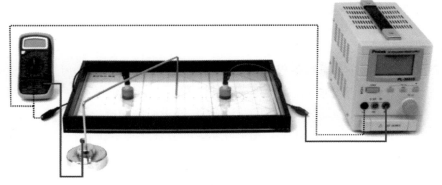

그림 3 등전위선 측정장치의 회로구성도

❹ 그림 4처럼 공급해 준 전압의 1/2이 A점선을 따라 등전위가 분포되도록 모서리 a, b, c, d에 종이 조각을 이용하여 수평을 맞춘다. 좌우 시료가 같은 경우에만 해당하며 시료를 바꾸어 실험할 경우 재확인이 필요하다.

❺ 준비가 완료되었으면 (+)탐침봉을 이동해가며 일정전압 간격으로 등전위선을 측정하여 모눈종이에 그린다. 하나의 등전위선은 최소 10개 이상의 점으로 이루어지도록 한다.

❻ 시료를 바꾸어 같은 방법으로 반복 실험한다.

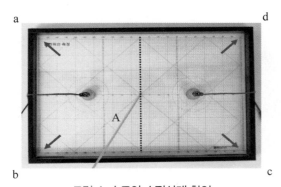

그림 4 수조의 수평상태 확인

5 결과

시료 1 측정결과. 시료의 모양을 색칠하고 등전위선을 그려보라.

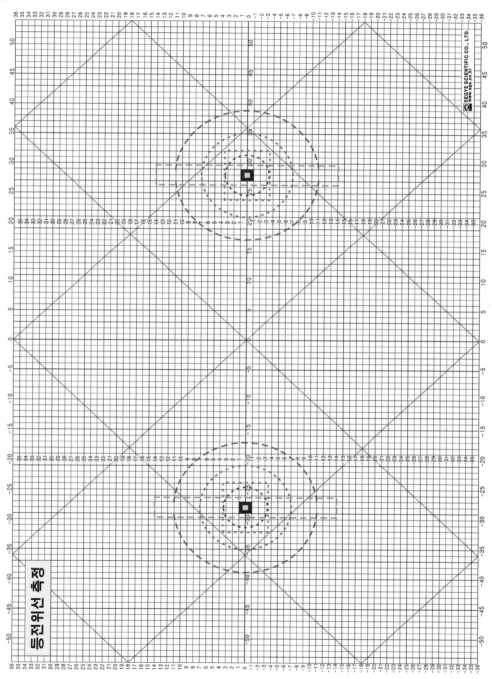

측정결과. 시료의 모양을 색칠하고 등전위선을 그려보라.

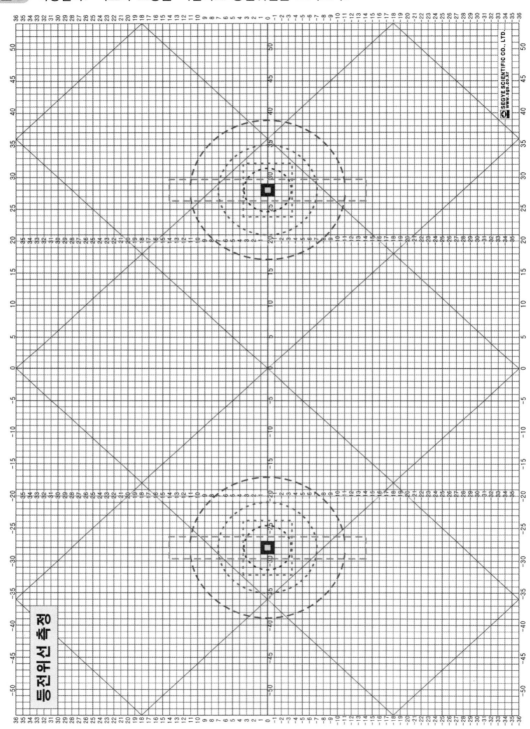

등전위선 측정

시료 3 측정결과. 시료의 모양을 색칠하고 등전위선을 그려보라.

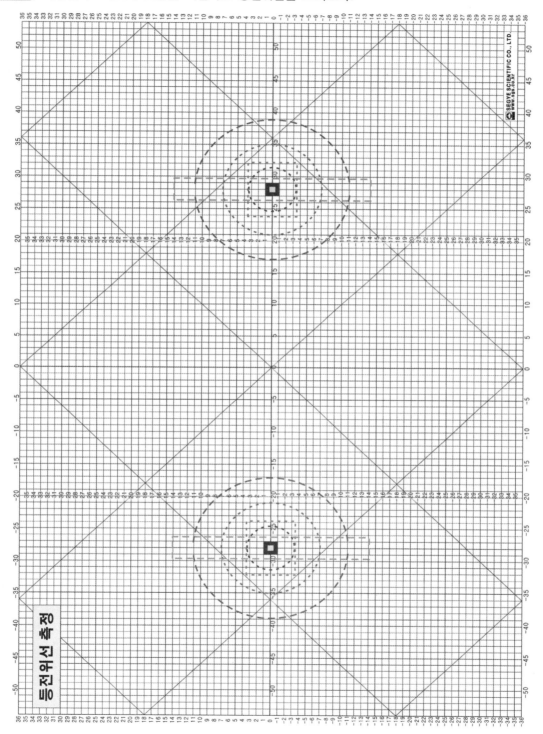

등전위선 측정

6 토의 및 결론

>>>

7 참고문헌

>>>

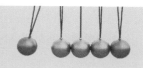

20 멀티테스터 작동법

1 목적 »»

회로에 걸리는 전압과 전류를 측정하고, 옴(ohm)의 법칙과 키르히호프(kirchhoff)의 법칙에 대하여 알아본다. 또한 저항값에 대한 색코드에 대해서도 알아보기로 한다.

2 원리 »»

1. 옴(ohm)의 법칙

도체 내의 2점 간을 흐르는 전류의 세기는 2점 간의 전위차(電位差)에 비례하고 그 사이의 전기저항에 반비례한다는 법칙이다.

저항에 걸리는 전압(V)과 흐르는 전류(I) 사이의 관계는 다음과 같다.

$$V = IR \ , \ I = V/R \qquad V(\text{전압}), \ I(\text{전류}), \ R(\text{저항})$$

(1) 직렬연결에서의 저항값 계산법

$$R_s = R_1 + R_2 + R_3 + \cdots$$

(2) 병렬연결에서의 저항값 계산법

$$\frac{1}{R_p} = \frac{1}{R_1} + \frac{1}{R_2} + \frac{1}{R_3} \cdots$$

전류는 시간당 흐르는 전하의 양으로

$$I = dq/dt$$

이므로 단위는 C/sec = A(ampere)이고, 전압은

$$V = W/q$$

이므로 단위는 J/C = V(volt)이다.
　저항은

$$R = V/I$$

이며 단위는 V/A = Ω(ohm)이다.

2. 멀티테스터 원리 및 사용법

(1) 테스터의 동작원리

　그림 2는 가동코일형 전류계의 내부구조도이다. 가동코일형은 영구자석의 극(極) 사이에 가동코일을 놓고 가동코일에 전류가 흐를 때에 생기는 전자기력(電磁氣力)에 의해서 지침(指針)이 흔들리는 원리를 이용한다. 마이크로암페어 정도의 소전류를 측정하는 데 유리하다. 측정해야 할 전류가 클 때는 가동코일에 병렬로 저항(이것을 분류기라 한다)을 넣음으로써 수십 암페어, 수백 암페어의 대전류도 읽을 수 있다. 분류기(分流器)는 대개의 경우 계기에 내장되어 있다.

그림 1 테스터

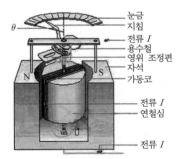

가동코일에 전류가 흐를 때 생기는 전자기력에 의하여 지침이 움직인다. 이때 지침이 가리키는 눈금이 전류의 크기이다.

그림 2 테스터 내부구조

이런 원리로 만들어진 계측기들과 간단한 물리수식을 통해 회로에서의 전압, 저항, 전류, 기타 물리적 정보를 얻을 수 있다.

■ 주의사항

- 고압측정 시 계측기 사용 안전규칙을 준수한다.
- 측정하기 전 계측기의 지침이 "0" 점에 있는지 확인한다.
- 측정하기 전 레인지 선택스위치와 시험봉이 적정위치에 있는지 확인한다.
- 측정위치를 모르면 제일 높은 레인지에서부터 선택하여 사용한다.
- 측정이 끝나면 피측정체의 전원을 끄고 스위치를 OFF 상태로 한다.

(2) 직류전압 측정법

① 흑색 시험선을 COM에, 적색 시험선을 V, Ω, A에 삽입한다.
② 피측정치에 전원을 공급한다.
③ 시험봉을 접촉했을 때 지침이 눈금판 이하로 가면 시험봉을 바꾸어 측정한다.
④ 10, 50, 250의 레인지 선택에서는 눈금판의 해당 눈금을 직접 읽고, 2.5는 250 눈금선에서 100으로 나누면 된다. 1,000에서는 10눈금 선에 100을 곱하여 준다.

(3) 교류전압 측정법

① 측정순서는 직류와 동일하다.
② 지시된 값을 판독할 때는 AC 전용 눈금선에서 그 값을 읽는다.
③ 피측정 개소에 시험봉의 탐침을 접촉하여 연결한다.
④ 피측정치에 전원을 공급한다.
⑤ 눈금판의 적색 교류전용 눈금선에서 값을 읽는다.

파 검 빨 금

(4) 데시벨 측정법

본 측정기는 1 mW, 600 Ω, 0 dB로 교정되어 있다.

따라서 600 Ω 에서 측정되는 전압(지시치)을 각 교류전압 레인지에서 읽으면 눈금판에 교정된 dB 지시치를 직접 측정할 수 있다. dB 눈금선은 교류 10 V 에서만 직접 측정할 수 있고, 기타 교류 레인지 에서는 표 1을 보고 알 수 있다.

표 1 dB표

dB표	
10 V	눈금판에서 직접 읽음
50 V	+14 dB
250 V	+28 dB
1,000 V	+40 dB

(5) 저항측정법

① 레인지(범위) 선택스위치를 저항측정 레인지에 둔다.

② 흑색 시험선을 COM 소켓에, 적색 시험선을 V, Ω, A 소켓에 삽입한다.

③ 시험선의 탐침을 상호 접촉시켜 지침이 저항눈금선의 "0"에 정확히 오도록 "0"옴 조정기를 조정한다. 조정기를 돌렸을 때 "0" 눈금에 오지 않으면 내부 전지의 수명이 다 된 것이므로 전지를 교환한다.

④ 피측정 저항치를 시험선에 접촉, 접속시켜 저항치를 읽을 때 선택된 저항 레인지에 표기된 수치만큼 지시치에 곱해준다.

4. 색저항띠 읽는 법

아래 표 2는 색깔에 대한 환산표이다.

표 2 색저항 환산표

색 ＼ 위치	첫 번째	두 번째	세 번째	네 번째
검정색	0	0	10^0	
갈색	1	1	10^1	
빨강색	2	2	10^2	
주황색	3	3	10^3	
노랑색	4	4	10^4	
초록색	5	5	10^5	
파랑색	6	6	10^6	
보라색	7	7	10^7	
회색	8	8	10^8	
흰색	9	9	10^9	
무색				20%
은색				10%
금색				5%

저항값＝[(첫 번째 두 번째)×세 번째]＋네 번째

예) 첫 번째 파랑   6

두 번째 검정   0

세 번째 빨강 10^2

네 번째 금색   5%

저항값＝$(60×10^2\ \Omega)±5\%$

3 준비물 >>>

- DC 가변전원
- 저항(1 kΩ, 2 kΩ, 3 kΩ)
- 멀티테스터
- 전선

4 방법 >>>

1. 직렬회로

❶ 그림 3처럼 직렬회로를 구성한다.

$$R_1 = 1\ \mathrm{k\Omega},\ R_2 = 2\ \mathrm{k\Omega},\ R_3 = 3\ \mathrm{k\Omega},\ R_{합성} = R_1 + R_2 + R_3 + \cdots$$

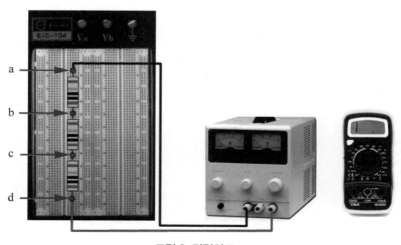

그림 3 직렬회로

❷ 각 저항의 색저항띠값을 이용하여 이론값을 구하고 테스터기로 측정한다. 두 값을 비교해보자. 회로를 구성하기 전 전원에서 0 V로 한 후 양단의 전압이 실제로 "0"인지 확인한다. 만약 "0"이 아니라면 테스터에 기록되는 만큼 계산할 때 보정해 준다.

❸ 각 저항에 걸리는 전압을 이론상 계산해 본다. 각 저항에 걸리는 전압을 테스터기로 측정한다. 두 값을 비교해보자.

❹ 키르히호프의 제2법칙을 확인해 보기 위해서 공급전압과 각 저항에 걸린 전압의 총 합이 같은 지를 확인한다.

❺ 전압을 바꾸고 위의 실험을 다시 한다. 이때 전압을 무리하게 높여서는 안 된다.

2. 병렬회로

❶ 그림 4처럼 병렬회로를 구성한다.

❷ 각 저항의 색저항띠값을 이용하여 값을 구하고 테스터기로 측정한다. 두 값을 비교해보자.

❸ 병렬로 연결된 저항을 계산한다.

❹ 각 저항에 흐르는 전류를 계산해보자. 키르히호프의 제1법칙에 따라 분기점에 들어온 전류의 합은 나간 전류의 합과 같은지 확인한다. 전류 및 전압측정법을 상기한다.

❺ 전압을 바꾸고 위의 실험을 다시 반복한다.

$$R_1 = 1 \, \text{k}\Omega, \ R_2 = 2 \, \text{k}\Omega, \ R_3 = 3 \, \text{k}\Omega$$

$$\frac{1}{R_{합성}} = \frac{1}{R_1} + \frac{1}{R_2} + \frac{1}{R_3} + \cdots$$

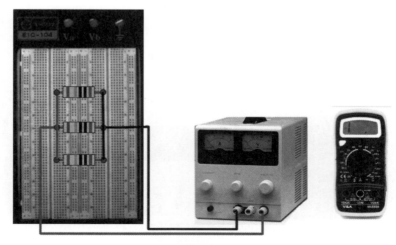

그림 4 병렬회로

5 결과

1. 직렬회로

직렬회로(1)			직렬회로(2)		
물리량	이론값	측정값	물리량	이론값	측정값
V			V		
R_1			R_1		
R_2			R_2		
R_3			R_3		
$R_{합성}$			$R_{합성}$		
V_1			V_1		
V_2			V_2		
V_3			V_3		
I			I		

2. 병렬회로

병렬회로(1)			병렬회로(2)		
물리량	이론값	측정값	물리량	이론값	측정값
V			V		
R_1			R_1		
R_2			R_2		
R_3			R_3		
$R_{합성}$			$R_{합성}$		
V_1			V_1		
V_2			V_2		
V_3			V_3		
I_1			I_1		
I_2			I_2		
I_3			I_3		

6 토의 및 결론

7 참고문헌

21 키르히호프의 법칙

1 목적 　　　　　　　　　　　　　　　　　　　　　　　　>>>

여러 종류의 회로에서 흐르는 전류와 전압을 계산하고 키르히호프의 법칙을 이해한다. 전기회로와 키르히호프의 법칙 그리고 그 용용에 대한 것은 강의교재 17장에 자세히 나와 있다.

2 원리 　　　　　　　　　　　　　　　　　　　　　　　　>>>

키르히호프(Kirchhoff)의 법칙

여러 개의 전기저항과 전원이 연결된 복잡한 전기회로에서 각 부분을 흐르는 전류와 전압 사이에는 다음과 같은 키르히호프의 법칙이 성립한다.

■ 제1법칙

전류가 흐르고 있는 여러 개의 회로가 한 점에서 만날 때 이 점에 흘러들어오는 전류의 총합은 그 점에서 나가는 전류의 총합과 같다.

그림 1에서 B 점으로 들어오는 전류는 I_1, I_2이고, 흘러나가는 전류는 I_3이므로 이들 사이에는 다음과 같은 관계가 성립한다.

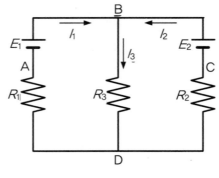

그림 1 기본 회로도

$$I_1 + I_2 = I_3 \tag{1}$$

이것은 전기회로에서 전류가 흐를 때 전하가 보존됨을 나타낸다.

■ 제2법칙

임의의 폐회로에서 그 회로에 있는 전지의 기전력의 대수합은 그 회로에 있는 저항에 의한 전압강하의 대수합과 같다.

그림 1의 전기회로는 두 개의 폐회로로 나누어 생각할 수 있다. 두 개의 회로는 다음과 같은 관계가 성립한다.

폐회로 ABDA에서

$$E_1 = I_1 R_1 + I_3 R_3 \tag{2}$$

폐회로 CBDC에서

$$E_2 = I_2 R_2 + I_3 R_3 \tag{3}$$

이것은 전기회로에서 전지의 기전력이 공급한 에너지와 저항에서 소비한 에너지는 서로 같아야 한다는 것을 의미한다. 또한 폐회로 내에서 모든 기전력 E의 대수적인 합은 동일한 폐회로 내의 모든 저항에서의 전압강하(IR)의 대수적인 합과 같다. 즉,

$$\sum E_i = \sum I_i R_i \tag{4}$$

이다. 이는 에너지 보존법칙에 해당한다.

(1) 회로 1

$$I_2 = I_3 \tag{1}$$

$$R_2 I_2 + R_3 I_3 = E_2 \tag{2}$$

위 두 식 (1)과 (2)를 I_2, I_3에 대하여 연립하여 풀면 (3), (4)와 같다.

$$I_2 = \frac{E_2}{R_2 + R_3} \tag{3}$$

$$I_3 = \frac{E_2}{R_2 + R_3} \tag{4}$$

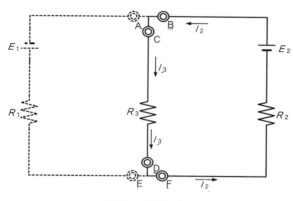

그림 2 실험회로 1

(2) 회로

$$I_1 = I_2 \tag{5}$$

$$R_1 I_1 + R_2 I_2 = E_1 + E_2 \tag{6}$$

위 두 식 (5)와 (6)을 I_2, I_3에 대하여 연립하여 풀면 식 (7)과 (8)이 된다.

$$I_1 = \frac{E_1 + E_2}{R_1 + R_2} \tag{7}$$

$$I_2 = \frac{E_1 + E_2}{R_1 + R_2} \tag{8}$$

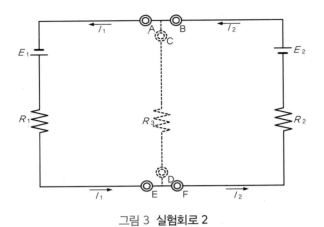

그림 3 실험회로 2

(3) 회로 3

$$I_1 + I_2 = I_3 \qquad\qquad (9)$$

$$I_1 R_1 + I_3 R_3 = E_1 \qquad\qquad (10)$$

$$I_2 R_2 + I_3 R_3 = E_2 \qquad\qquad (11)$$

위의 두 식을 I_1, I_2, I_3에 대하여 연립하여 푼다. 우선 I_2를 구해보자. 식 (9)를 식 (10), (11)에 대입하면

$$I_1 R_1 + (I_1 + I_2)R_3 = E_1$$

$$I_2 R_2 + (I_1 + I_2)R_3 = E_2$$

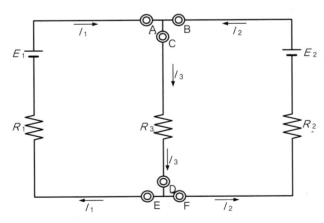

그림 4 실험회로 3

가 된다. 이를 다시 정리하면

$$I_1(R_1 + R_3) + I_2 R_3 = E_1 \tag{12}$$

$$I_1 R_3 + I_2(R_2 + R_3) = E_2 \tag{13}$$

이다.

식 (12)를 I_1에 대하여 풀면

$$I_1 = \frac{E_1 - I_2 R_3}{R_1 + R_3}$$

가 되며 이를 식 (13)에 대입하여 푼다.

$$\frac{E_1 - I_2 R_3}{R_1 + R_3} R_3 + I_2(R_2 + R_3) = E_2$$

$$= (E_1 - I_2 R_3)R_3 + I_2(R_2 + R_3)(R_1 + R_3) = E_2(R_1 + R_3)$$

$$= R_3 E_1 - I_2 R_3^2 + I_2(R_2 + R_3)(R_1 + R_3) = E_2(R_1 + R_3)$$

$$= I_2(R_2 + R_3)(R_1 + R_3) - I_2 R_3^2 = E_2 R_1 + E_2 R_3 - E_1 R_3$$

$$= I_2[(R_2 R_1 + R_2 R_3 + R_3 R_1 + R_3^2) - R_3^2] = E_2 R_1 + E_2 R_3 - E_1 R_3$$

$$= I_2(R_1 R_2 + R_1 R_3 + R_2 R_3) = E_2 R_1 + E_2 R_3 - E_1 R_3$$

$$\text{그러면, } I_2 = \frac{E_2 R_1 + E_2 R_3 - R_3 E_1}{R_1 R_2 + R_1 R_3 + R_2 R_3} \tag{14}$$

식 (13)에서 I_2에 대하여 풀면,

$$I_2 = \frac{E_2 - I_1 R_3}{R_2 + R_3}$$

가 된다. 이를 식 (12)에 대입하여 푼다.

$$I_1(R_1 + R_3) + \frac{E_2 - I_1 R_3}{R_2 + R_3} R_3 = E_1$$

$$= (E_2 - I_1 R_3)R_3 + I_1(R_1 + R_3)(R_2 + R_3) = E_1(R_2 + R_3)$$

$$= R_3 E_2 - I_1 R_3^2 + I_1(R_1 + R_3)(R_2 + R_3) = E_1(R_2 + R_3)$$

$$= I_1(R_1 + R_3)(R_2 + R_3) - I_1 R_3^2 = E_1(R_2 + R_3) - E_2 R_3$$

$$= I_1[(R_1 + R_3)(R_2 + R_3) - R_3^2] = E_1 R_2 + E_1 R_3 - E_2 R_3$$

$$= I_1[(R_1 R_2 + R_1 R_3 + R_3 R_3 + R_3^2) - R_3^2] = E_1 R_2 + E_1 R_3 - E_2 R_3$$

$$I_1 = \frac{E_1 R_2 + E_1 R_3 - E_2 R_3}{R_1 R_2 + R_1 R_3 + R_2 R_3} \tag{15}$$

I_3는 식 (9)를 이용하여 구한다.

$$I_3 = \frac{R_1 E_2 + R_2 E_1}{R_1 R_2 + R_2 R_3 + R_3 R_1} \tag{16}$$

3 준비물 >>>

• 저항 : $30\,\mathrm{k\Omega}$, $68\,\mathrm{k\Omega}$, $100\,\mathrm{k\Omega}$, $20\,\mathrm{k\Omega}$

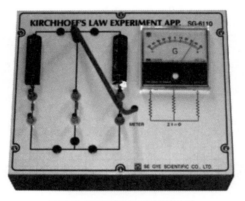

그림 5 키르히호프의 실험장치

4 방법 >>>

❶ 각 실험의 회로를 구성한다. 건전지, 임의의 저항을 골라 회로에 맞게 ①, ②, ③의 자리에 연결한다.

❷ Meter기를 각 접점마다 옮겨가면서 값을 측정한다. 회로에 따라 측정값이 (-)로 가는 경우 절댓값으로 측정값을 읽으면 된다. 여기서 +, - 는 전류의 흐름 방향을 나타낸다.

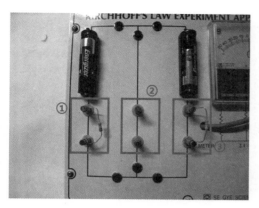

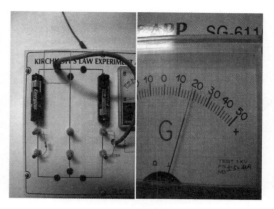

그림 6 저항연결도   그림 7 전류측정기

1. 실험 1 : 실험회로 1

❶ 그림 8처럼 회로를 구성하고 B, C점에 흐르는 전류를 측정한 후. D, F점에 대해서도 반복실험하여 I_2와 I_3가 같음을 확인한다(키르히호프의 제1법칙).

❷ R_2 및 R_3의 저항값을 기록하고 건전지의 전압을 측정하여 기록한다.

❸ 과정 ❷에서 측정한 전류 값과 아래 식으로 계산한 전류 값을 비교하여 키르히호프의 법칙을 확인한다.

$$I_2 = I_3, \ I_2 = \frac{E_2}{R_2 + R_3}$$

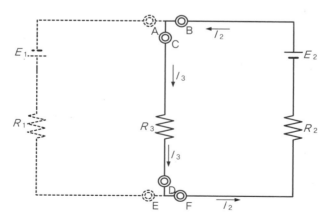

그림 8 실험회로 1

2. 실험 2 : 실험회로 2

❶ 그림 9에서 B, C점에 흐르는 전류를 측정 후 D, F점에 대해서도 반복실험하여 I_2와 I_3가 같음을 확인한다(키르히호프의 제1법칙).

❷ R_2 및 R_3의 저항값을 기록하고 건전지의 전압을 측정하여 기록한다.

❸ 과정 ❷에서 측정한 전류 값과 위의 식으로 계산한 전류 값을 비교하여, 키르히호프의 제2법칙을 확인한다.

$$I_1 = I_2, \ \ I_1 = \frac{E_1 + E_2}{R_1 + R_2}$$

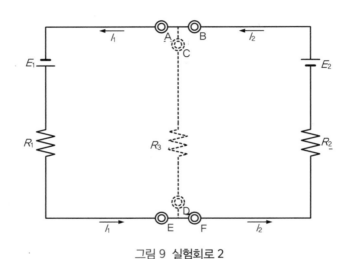

그림 9 실험회로 2

3. 실험 3 : 실험회로 3

❶ 그림 10에서 B, C점에 흐르는 전류를 측정한 후, D, F점에 대해서도 반복실험하여 I_2와 I_3가 같음을 확인한다(키르히호프의 제1법칙).

❷ R_2 및 R_3의 저항값을 기록하고 건전지의 전압을 측정하여 기록한다.

❸ 과정 ❷에서 측정한 전류 값과 아래 식으로 계산한 전류 값을 비교하여, 키르히호프의 법칙을 확인한다.

$$I_1 + I_2 = I_3$$
$$I_2 = \frac{E_2 R_1 + E_2 R_3 - R_3 E_1}{R_1 R_2 + R_1 R_3 + R_2 R_3}$$

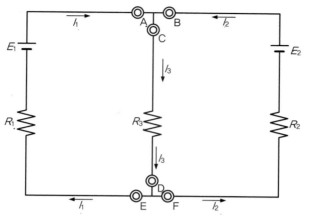

그림 10 실험회로 3

$$I_1 = \frac{E_1 R_2 + E_1 R_3 - E_2 R_3}{R_1 R_2 + R_1 R_3 + R_2 R_3}$$

$$I_3 = \frac{R_1 E_2 + R_2 E_1}{R_1 R_2 + R_2 R_3 + R_3 R_1}$$

5 결과

실험 1 실험회로 1

	단위 ( )		단위 ( )			
	R_2	R_3	I_B	I_C	I_D	I_F
1						
2						
3						
4						
5						

단위 ( )					
I_2	I_3	I_B	I_C	I_D	I_F

단위 ( )		단위 ( )	
R_2	R_3	E_2	E_3

	$I_{실험}$	$I_{이론}$	오차
I_2			
I_3			

$$\text{오차} = \left| \frac{I_{이론} - I_{실험}}{I_{이론}} \right| \times 100\%$$

	단위 ( )		단위 ( )			
	R_1	R_2	I_A	I_B	I_E	I_F
1						
2						
3						
4						
5						

단위 ( )					
I_1	I_2	I_A	I_B	I_E	I_F

단위 ( )		단위 ( )	
R_1	R_2	E_1	E_2

	$I_{실험}$	$I_{이론}$	오차
I_1			
I_2			

$$\text{오차} = \left| \frac{I_{이론} - I_{실험}}{I_{이론}} \right| \times 100\%$$

실험 3 실험회로 3

	단위 ( )				단위 ( )					
	R_1	R_2	R_3	R_4	I_A	I_B	I_C	I_D	I_E	I_F
1										
2										
3										
4										
5										

단위 ( )								
I_1	I_2	I_3	I_A	I_B	I_C	I_D	I_E	I_F

단위 ( )			단위 ( )		
R_1	R_2	R_3	E_1	E_2	E_3

	$I_{실험}$	$I_{이론}$	오차
I_1			
I_2			
I_3			

$$오차 = \left| \frac{I_{이론} - I_{실험}}{I_{이론}} \right| \times 100\%$$

■ 부록 : 저항표

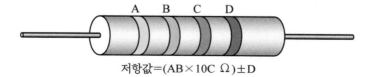

저항값=(AB×10C Ω)±D

색과 저항 표

구 분	A	B	C	D
검은색	0	0	0	
갈 색	1	1	1	
빨 강	2	2	2	
주 황	3	3	3	
노 랑	4	4	4	
초 록	5	5	5	
파 랑	6	6	6	
보 라	7	7	7	
회 색	8	8	8	
흰 색	9	9	9	
무 색				20%
은 색				10%
금 색				5%

예)

갈색 | 검은색 | 노랑 | 금색

1 | 0 | 10^4 | 5%

$= 10 \times 10^4 = 100 \, k\Omega$

6 / 토의 및 결론 >>>

7 / 참고문헌 >>>

1 목적

그림 1은 일반물리실험실에서 사용되는 간단한 솔레노이드를 가지고 자기에 의해 유도되는 전류의 발생을 보여주는 것이다. 여기서 검류기는 미세한 전류를 검출하는 전류계의 일종으로 갈바노미터(Galvanometer)라고 부른다.

검류기
(Galvanometer)

솔레노이드(solenoid)

막대자석을 코일이 감긴 솔레노이드 안으로 움직이면 전류가 발생한다. 막대자석의 N극이 안으로 들어갈 때와 나올 때의 전류는 부호가 서로 반대가 된다. 막대자석이 움직이지 않으면 전류의 발생은 일어나지 않는다.

그림 1 자기장과 유도전류

솔레노이드 안쪽으로 막대자석의 한 극을 밀어넣으면 검류기의 바늘이 0에서 한쪽으로 기울어진다. 이것은 전류가(양의 전류라고 하자) 발생했음을 알리는 것이다. 이어 밀어넣은 자석을 **빼면** 검류기의 침이 반대방향(음의 전류)으로 가울어진다. 이번에는 자석의 극을 바꾸어 실험을 해보면 앞에서와는 반대부호의 전류가 발생한다는 사실을 알 수가 있다. 한편 자석을 움직이지 않으면 검류기의 침은 0을 가리킨다. 본 실험을 통하여 자기장과 유도전류(induced current) 사이에 적용될 수 있는 법칙을 알아보기로 한다.

2 원리

자기장의 변화가 전류를 유도한다는 사실은 1831년 영국의 패러데이(Faraday, Michael ; 1791~1867)와 미국의 헨리(Henry, Joseph ; 1797~1878)에 의해 서로 독립적으로 발견되었다. 이렇게 전기와 자기가 서로 유도되는 현상을 전자기유도(electromagnetic induction)라고 부른다. 이러한 전자기유도는 이론적인 중요성뿐만 아니라 실용적인 면에서 인류의 문명을 획기적으로 바꾸어 놓았다. 왜냐하면 발전기에 의하여 기계적인 에너지를 전기적인 에너지로 변환시킬 수 있었기 때문이다.

1. 자기다발(magnetic flux)

자기다발은 자기장과 자기장이 통과하는 면과의 곱으로 정의된다.

$$\Phi_M = \int \overrightarrow{B} \cdot d\overrightarrow{A} = \int B_n dA$$

여기서 B_n 은 그림에서 보듯이 면적부분에 수직인 방향 성분의 자기장이다.

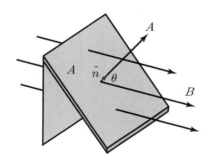

면적 A를 지나는 자기장에 의한 자기다발의 정의

$$\Phi_M = BA\cos\theta$$
$$= B_n A$$

그림 2 자기다발(magnetic flux)

이러한 자기다발의 단위는 웨버(Weber)이며 Wb로 표기된다.

$$1 \ \text{Wb} = \text{T} \cdot \text{m}^2$$

자기장이 통과하는 평면의 면적이 A 이고 자기장이 그 면에 균일, 즉 크기와 방향이 같다면, 자기다발은 다음과 같다.

$$\Phi_M = B_n A = BA \cos\theta$$

그림 1을 살펴보면 자석을 움직이게 함으로써 자기장의 변화를 가져왔고 자기장이 통과하는 면적(솔레노이드의 단면적)은 변화가 없었다는 사실을 알 수 있다. 그런데 자기장의 변화가 없다 하더라도 자기장이 통과하는 면적의 변화가 생기면 역시 유도전류가 생긴다는 사실이 실험적으로 밝혀졌다. 다시 말해 자기다발을 이루는 요소 중 어느 한 부분에 변화가 생기면 유도전류가 발생하게 된다.

한편 솔레노이드와 같이 도선 코일이 N번 감겨져 있는 경우 자기다발은 N배가 된다. 즉,

$$\Phi_M = NBA \cos\theta$$

이다.

Quiz 01 길이가 20 cm이고 반지름이 2 cm이며 도선의 감긴 수가 200번인 솔레노이드가 있다. 이 솔레노이드에 3 A의 전류가 흐른다면 자기다발은 얼마인가?

풀이 솔레노이드의 자기장은

$$B = \mu_0 \frac{N}{L} I$$

이다. 그러면

$$B = (4\pi \times 10^{-7}) \left(\frac{200}{0.2 \, \text{m}} \right) (3 \, \text{A}) = 3.77 \times 10^{-3} \ \text{T}$$

이다. 그리고 단면적은 $A = \pi r^2$ 으로부터

$$A = (3.14)(0.02 \, \text{m})^2 = 1.26 \times 10^{-3} \ \text{m}^2$$

이다. 따라서 구하고자 하는 자기다발의 세기는 다음과 같다.

$$\Phi_M = NBA = (200)(3.77 \times 10^{-3} T)(1.26 \times 10^{-3} \text{m}^2)$$
$$= 9.50 \times 10^{-4} \ \text{Wb}$$

● ● ●

2. 유도기전력(induced emf)

자기다발의 변화가 유도전류를 만든다는 사실은 기전력(emf)이 발생했다는 것과 같으며 이를 유도기

전력(induced emf)이라고 부른다. 그리고 17장에서 배운 바와 같이 기전력의 단위는 V 이다.

Quiz 02 자기다발의 시간변화량, 즉 Wb/s가 Volt 단위가 됨을 보여라.

풀이 자기다발의 차원이 $T \cdot m^2$ 이므로 이에 대한 시간변화량의 차원은 $T \cdot m^2/s$이다. 한편 $F = Bqv$ 에서 양변에 길이 차원을 곱하면 에너지 차원이 된다. 이를 차원으로 정리하면 $J = (T \cdot m)(m/s)C$이고 $J/C = V$ 의 관계식으로부터 $T \cdot m^2/s = V$를 얻는다.

●●●

3. 패러데이의 법칙과 렌츠의 법칙

패러데이의 법칙은 다음과 같이 요약된다.

닫힌 경로로 둘러싸인 표면을 지나는 전체 자기다발에 변화가 일어나면 그 경로를 따라 기전력이 발생(유도)된다.

이러한 법칙은 유도기전력 V_M과 자기다발의 변화율에 대하여 다음과 같이 정량적인 식으로 표현된다.

$$V_M = -\frac{d\Phi_M}{dt}$$

여기서 음의 부호는 유도기전력(유도전류)의 방향을 지정하는 관례에 따른 것이며 그 이유는 렌츠의 법칙과 관련이 있다. 위 식은 자기다발의 정의에 따라 다음과 같이 쓸 수 있다.

$$V_M = -\frac{d}{dt}\int \vec{B} \cdot d\vec{A}$$

이러한 패러데이의 법칙은 경로에 의해 둘러싸인 면을 지나는 자기장의 크기 변화와는 관계없이 자기다발의 변화가 일어나기만 하면 닫힌 경로 내에 기전력이 유도된다는 것을 나타낸다. 자기다발의 변화는 자기장의 크기가 변하거나, 닫힌 고리의 방향 또는 자기장의 방향이 변화, 그리고 고리의 면적의 변화 등에 의해 일어날 수 있다.

다시 그림 3을 자세히 들여다보기로 하자. (a)에서는 자기장을 일으키는 전류를 줄이면서 자기장의 세기를 감소시키는 경우이다. 그러면 2차코일에 유도되는 전류는 원래의 자기장의 방향과 같은 오른손 규칙에 따른 전류가 발생하고 있다. 이와 반면에 (b)는 자기장의 세기가 증가하는 경우로, 유도전류의 방향은 원래 자기장에 의한 전류의 방향과는 반대이다. 왜 그럴까?

만약 자기장의 세기가 증가하는 방향으로 유도전류가 흐른다면 이는 자기장을 더욱 증가시켜 유도전류는 끝없이 증가한다는 것을 의미한다. 이것은 에너지를 공짜로 얻는 것과 같다. 자연법칙의 속성인 에너지 보존법칙에 위배되는 것이다.

유도기전력의 방향에 대한 명확한 규칙을 세운 사람이 러시아의 렌츠(Lenz, Heinrich Friedrich Emil ; 1804~1865)이며 이를 렌츠의 법칙이라고 부른다. 렌츠의 법칙은 다음과 같다.

유도기전력은 유도기전력을 만드는 외부변화를 방해하는 방향으로 작용한다.

더 일반적으로 표현한다면 '유도기전력의 효과는 유도기전력을 일으키는 자기다발의 변화를 항상 방해한다.'이다.

본 실험에서는 그림 1과 같이 영구자석을 코일에 넣었다가 빼는 동작을 하였을 경우 발생하는 전압펄스를 측정하여 유도기전력의 크기와 코일의 감긴 수 등과의 관계를 알아본다.

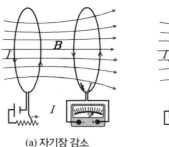

(a) 자기장 감소   (b) 자기장 증가

이웃한 코일의 한쪽에 전류의 변화를 주면 자기장의 변화에 의해 다른 코일에 기전력이 발생한다. 자기장의 변화에 따른 전류의 방향에 주목하라.

그림 3 유도기전력의 발생

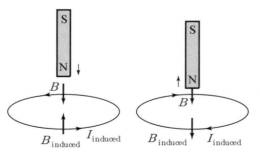

(a) 고리를 통과하는 자기다발이 증가하면 유도자기장에 의한 자기다발은 증가를 방해한다.

(b) 고리를 통과하는 자기다발이 감소하면 유도자기장에 의한 자기다발은 고리 내의 자기다발을 유지하려고 한다.

그림 4 렌츠의 법칙

3 준비물 >>>

- 개인용 컴퓨터
- 전압펄스 측정장치 ; CASSY Lab, Pocket-CASSY, UI sensor S 등
- 다양한 코일(250회, 500회, 1,000회)
- 막대자석

4 방법 >>>

1. 자기다발 측정방법

❶ 컴퓨터에 CASSY Lab을 설치한다.
❷ UI sensor S에 코일을 장치한다.
❸ CASSY Lab을 동작시키고 F9를 눌러 측정을 시작한다.
❹ 영구자석을 코일의 중간까지 넣었다가 빼낸다.
❺ F9을 눌러 측정을 중지한다.
❻ F9을 눌러 측정을 다시 시작한다.
❼ 이번에는 자석 2개를 넣고 반복한다.

2. 코일의 감긴수 N에 따른 전압(유도기전력)측정

❶ 250회 감긴 코일을 가지고 전압펄스를 측정한다.
❷ 500회 감긴 코일을 가지고 전압펄스를 측정한다.
❸ 1,000회 감긴 코일을 가지고 전압을 측정한다.

5 결과 >>>

1. 자기다발 측정

2. 전압과 코일의 상관관계 그래프

6 토의 및 결론

7 참고문헌

23 반도체 다이오드의 특성 측정

1 목적

p-n 접합형 반도체(다이오드)의 특성을 측정하고 정류작용의 원리를 이해한다. 본 내용은 일반물리학 이론 강의에서는 시간의 제약상 배우지 못하고 넘어가는 영역에 속한다. 따라서 본 실험을 통하여 반도체에 대한 기본지식을 얻는 것이 본 실험의 목적이라고 할 수 있다. 현대의 최첨단의 전자·정보기기들에 대한 이해를 얻는 데 가장 기초적인 실험 및 실습에 속하는 중요한 종목이다. 2학년에 가서 다시 자세히 실습하게 될 것이다.

2 원리

Ge(게르마늄)과 Si(실리콘)은 4족 원소로서 이들 원소의 각 원자는 이웃 4원자의 4개의 전자를 공유하는 결정상태에 있다. 이들 전자는 결합력이 강해 순수한 Ge이나 Si의 결정은 아주 큰 저항을 가지고 있다. 하지만 이 결정에 불순물이 들어가면 일반적으로 저항이 감소한다. 특히 P(인)이나 기타 5족 원소의 미량을 순수한 Ge의 용융상태에 첨가시켜 천천히 냉각시키면 결정에는 P 원자가 산재하게 된다. 정상적인 P의 원자는 5개의 원자가 전자를 가지고 있으며, 이중 4개만 결정 구성에 쓰여지고 1개의 여분의 전자가 남게 되어 결정에 전위를 걸어주면 비교적 자유로이 이동하게 된다. 그리하여 그 결정은

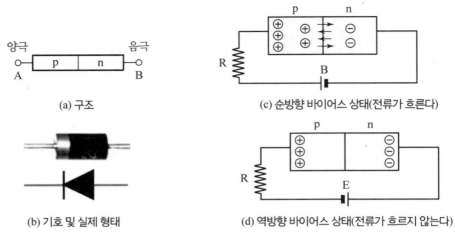

(a) 구조

(b) 기호 및 실제 형태

(c) 순방향 바이어스 상태(전류가 흐른다)

(d) 역방향 바이어스 상태(전류가 흐르지 않는다)

그림 1 다이오드의 구조와 동작원리

도체가 되며 첨가된 불순물은 전기저항을 상당히 감소시키는 역할을 하고 있다. 결정 내의 원자는 각각 1개의 전자를 잃어 양이온이 된다. 이들 P 원자는 결정에 얽매어 있기 때문에 전류로서 나타내지 못한다. 또한 5족의 불순물이 첨가된 반도체를 n형 반도체라 하며 이러한 결정에서 전류는 음전하의 이동으로 구성된다.

이와 반면에 Ga(갈륨)과 같은 3족 원소를 첨가하여 만들어진 결정은 전기적으로 다른 특성을 갖게 된다. 4족 원소는 3개의 원자가 전자를 소유하고 있기 때문에 결정 내에 속박된 Ga 원자는 이웃 4개의 Ge의 원자 중 3개만 결합하고 1개의 결합수는 비어 있게 되어 결정격자에 구멍(hole)이라는 것을 형성한다. 이러한 구멍은 전자의 음의 전하와는 반대인 양(positive)의 전하를 갖는다. 따라서 이와 같은 반도체를 p형 반도체라 한다.

이와 같은 n형 반도체와 p형 반도체를 접합시켜 놓은 것이 반도체 다이오드이다. p-n접합 다이오드의 동작원리를 그림 1에 나타내었다.

그림 1(c)와 같이 전압을 걸어줄 때 p 쪽에 (+)전압을, n 쪽에 (−)전압을 걸어주는 경우를 순방향 바이어스 전압을 건다고 한다. 이때 p층 내부영역의 hole은 n 쪽으로 n층 내부의 전자는 p 쪽으로 이동하고, 외부 회로에는 순방향 전류 I_A가 흐른다. 이 전류는 거의 $I_A = I_s \left(e^{qV/kT} \right)$로 표시된다. 여기서 I_s는 포화전류로서, 다이오드의 개별적 물성에 관한 항이며, 역방향 연결 시의 포화 누설전류이기도 하다. 또 q는 전자 혹은 hole의 전하량이고, V는 공급전압이다. 그림 1(d)는 역방향으로 전압 V(역바이어스 전압)를 걸어줄 때의 그림이다. p층 내의 hole및 n층의 전자는 각각의 전극 쪽으로 끌려간다. 이 결과 hole과 전자가 이동해 가버린 후의 빈 영역이 생기는데, 이를 고갈층(depletion layer)이라 부른다. 이 층에는 전기전도에 기여할 수 있는 자유전하가 없고 마치 절연체와 같이 된다. 역방향 전류는 $I_A \fallingdotseq I_s$로 표시된다. 한편, 순방향과 역방향을 고려하지 않고 일반적인 다이오드 정류특성은 으로 표시

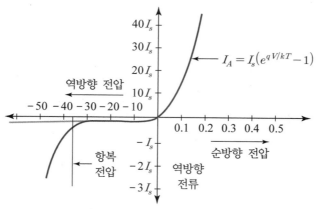

그림 2 다이오드의 전압 − 전류 특성곡선

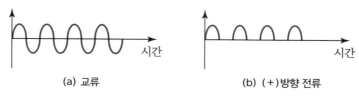

(a) 교류

(b) (+)방향 전류

그림 3 p−n 접합 다이오드의 정류작용(y축 전류)

$$I_A = I_s\left(e^{qV/kT} - 1\right) \tag{1}$$

된다. 이것을 그래프로 표시하면 그림 2와 같다.

순방향 바이어스의 경우에는 작은 전압에도 많은 전류가 급격히 흐르지만, 역방향 바이어스의 경우에는 많은 전압을 걸어주어도 전류가 거의 흐르지 않는다. 다이오드의 종류에 따라 항복전압이 달라진다. 이 성질을 이용한 것이 Zener-Diode이다. 위의 성질에서 그림 3과 같은 정류특성을 나타낸다. 그림 1의 직류전원 대신에 교류전원이 걸릴 때, 전압이 순방향일 때는 순방향 전류가 크게 흐르지만, 전압이 역방향일 때는 대단히 적은 역방향 전류만 흐르게 된다. 그림 3(b)의 정류전류는 그림 3(a)와 같은 교류를 p-n 다이오드로 정류한 결과이다.

3 준비물

>>>

- 전류측정용 멀티테스터
- 다이오드(1N4002)
- 직류전원 공급장치(DC 0~30 V)

- 전압측정용 멀티테스터
- 저항[500 Ω 1개 or 1 kΩ 2개(병렬연결)]

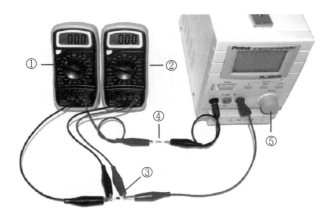

그림 4 실험준비물 및 회로구성도

순방향 실험

그림 5 순방향 실험의 다이오드 연결

1. 실험 1 : 순방향의 전류와 전압측정

❶ 그림 5와 같이 회로를 구성한다. 저항은 $500\,\Omega$ 이 적합하다. $1\,k\Omega$ 두 개를 병렬연결하여 사용하여
도 무방하다.

❷ 전류 및 전압측정용 테스터는 아래 그림과 같이 세팅한다(전류측정 : $200\,mA$, 전압 : $2\,V$).

전류측정모드   전압측정모드

그림 6 전류-전압측정모드

❸ 직류전원 공급장치의 전압은 표를 참고하여 서서히 높여가며 다이오드에 공급된 전압(V)과 전류 (I)의 변화를 관찰하고 표에 기록한다.

실험 중 저항에서 열이 많이 발생할 수 있으므로 화상을 입지 않도록 주의한다. 전류의 측정값이 '0' 일 때 측정범위를 바꾸어서도 같은 값인지 확인해보라.

❹ 측정이 끝나면 DC supply 전압을 최소(0 V)로 하고, 전원을 끈다.
❺ 전압-전류의 값을 이용하여 순방향 특성 그래프를 그린다.

2. 실험 2 : 역방향의 전류와 전압측정

❶ 그림 7을 참고하여 다이오드의 방향을 역방향이 되도록 회로를 구성한다. 순방향 실험에서 다이오드 방향만 반대로 하면 된다.

역방향 실험

그림 7 역방향 실험의 다이오드 연결

❷ 전류 및 전압측정용 테스터는 다음 그림과 같이 세팅한다(전류측정 : 200 μA, 전압 : 20, 200 V).

전류측정모드   전압측정모드

그림 8 전류-전압측정모드

❸ 직류전원 공급장치의 전압은 표를 참고하여 서서히 높여가며 다이오드에 인가된 전압(V)과 전류 (I)의 변화를 관찰하고 표에 기록한다.

실험 중 저항에서 열이 많이 발생할 수 있으므로 화상을 입지 않도록 주의해야 한다.

❹ 측정이 끝나면 DC supply 전압을 최소(0 V)로 하고 전원을 끈다.
❺ 전류-전압의 값을 이용하여 역방향 다이오드 특성 그래프를 그린다.

5 결과

실험 1 다이오드의 순방향 특성 실험

	전압(V_t)	1차 측정값		2차 측정값	
		측정전압(V_t)	측정전류(I_A)	측정전압(V_t)	측정전류(I_A)
		단위 :	단위 :	단위 :	단위 :
1	0.00 V				
2	0.05 V				
3	0.10 V				
4	0.15 V				
5	0.20 V				
6	0.25 V				
7	0.30 V				
8	0.35 V				
9	0.40 V				
10	0.42 V				
11	0.44 V				
12	0.46 V				
13	0.48 V				
14	0.50 V				
15	0.52 V				
16	0.54 V				
17	0.56 V				
18	0.58 V				
19	0.60 V				
20	0.62 V				
21	0.64 V				
22	0.66 V				
23	0.68 V				
24	0.70 V				
25	0.72 V				
26	0.74 V				
27	0.76 V				
28	최대전압				

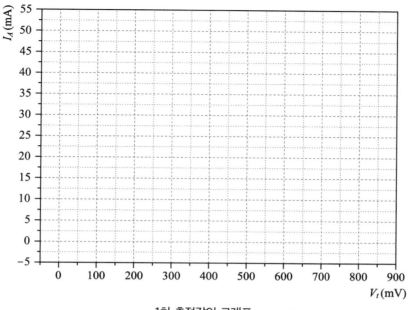

1차 측정값의 그래프

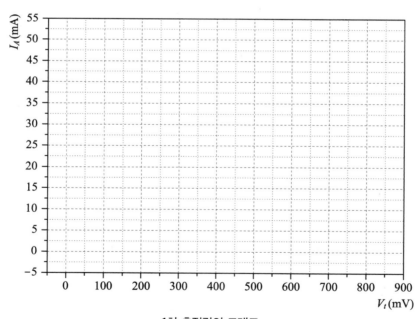

1차 측정값의 그래프

	전압(V_t)	1차 측정값		2차 측정값	
		측정전압(V_t)	측정전류(I_A)	측정전압(V_t)	측정전류(I_A)
		단위 :	단위 :	단위 :	단위 :
1	0 V				
2	1 V				
3	2 V				
4	3 V				
5	4 V				
6	5 V				
7	6 V				
8	7 V				
9	8 V				
10	9 V				
11	10 V				
12	11 V				
13	12 V				
14	13 V				
15	14 V				
16	15 V				
17	16 V				
18	17 V				
19	18 V				
20	19 V				
21	20 V				
22	21 V				
23	22 V				
24	23 V				
25	24 V				
26	25 V				
27	26 V				
28	27 V				
29	28 V				
30	29 V				
31	30 V				

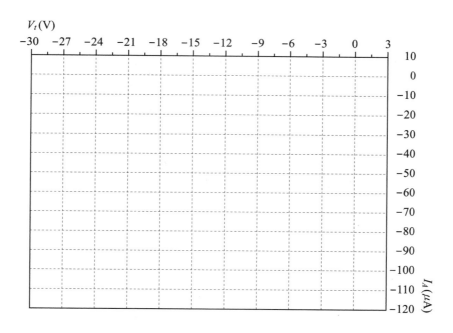

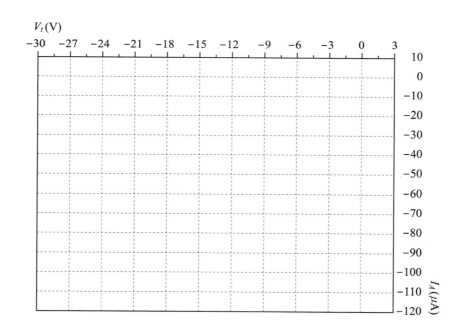

6 토의 및 결론

7 참고문헌

24 트랜지스터의 특성 측정

1 목적

>>>

p-n-p 트랜지스터의 특성곡선을 구하고, 그 동작원리와 증폭작용을 이해한다. 트랜지스터는 전기 · 전자 · 정보통신 · 디스플레이 · 제어계측 · 로봇공학 등에서 중요한 이론 및 실험종목에 속한다. 주로 2학년 과정에서 자세히 다루는 중요 영역이다. 오늘날에는 트랜지스터가 얇은 필름 형태로 제작되어 – 필름(박막이라고 부름) 트랜지스터(TFT ; Thin Film Transistor)라고 부름 – 휴대폰, 디스플레이 등에 적용되고 있다.

2 원리

>>>

트랜지스터(transistor)의 구조는 그림 1에서 보는 바와 같이, 베이스(base)라 부르는 중앙의 n-형(또는 p-형) 반도체의 양측에 각각 이미터(emitter : 전하 운반자인 hole 또는 전자를 방출하는 극)와 컬렉터(collector : hole 또는 전자를 모으는 극)라 부르는 두 개의 p-형 또는 n-형 반도체를 접합한 것이다.

이 그림은 베이스 접지형 p-n-p 트랜지스터의 구조를 표시하고 있다. 이것은 n층을 공유하는 역방향으로 보는 두 개의 다이오드가 접속된 구조이고 한쪽은 이미터 · 베이스 사이의 접합부(이것을 EB 다이오드라 부른다), 다른 쪽은 컬렉터 · 베이스 사이의 접합부(이것을 CB 다이오드라 부른다)로 이루어져 있다. 베이스가 n형인 것을 pnp형, p형인 것을 npn형 트랜지스터라 한다. pnp와 npn은 carrier가 hole 인가 전자인가의 차이만 있고 그 동작원리는 같다. 한편, 이미터를 접지시킨 공통 이미터(약자로 CE : common emitter) 회로는 전자회로에서 흔히 쓰이는 회로로서 그 동작원리는 3극 진공관의 경우와 매우 비슷하다. pnp와 npn의 CE 회로는 그림 2와 같으며 EB 다이오드는 순방향, CB 다이오드는 역방향으로 전압이 걸리고 있으므로 전류의 베이스 접지의 경우와 같다. 이 회로에서 이미터에 유입되는

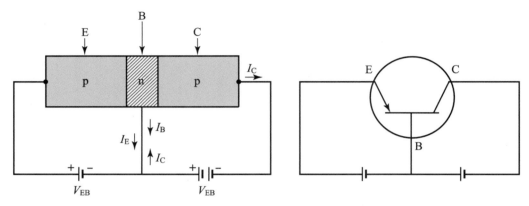

그림 1 베이스 접지의 p-n-p 접합의 동작원리

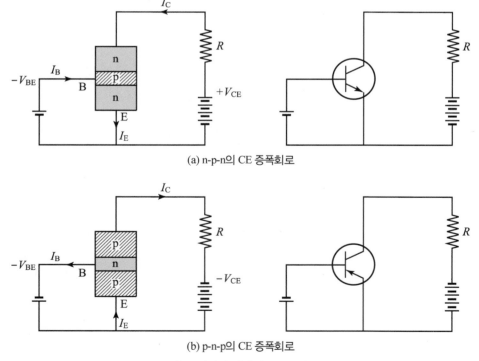

(a) n-p-n의 CE 증폭회로

(b) p-n-p의 CE 증폭회로

그림 2 이미터 접지회로(CE 회로)

전류는 $I_{\mathrm{E}} = I_{\mathrm{B}} + I_{\mathrm{C}}$로 된다. 이 접속법에서(CE 회로에서) 출력전류/입력전류의 비는 $I_{\mathrm{C}}/I_{\mathrm{B}}$로 주어진다. 이것을 CE 회로의 전류증폭률 β라 부른다. 즉,

$$\beta = \frac{I_{\mathrm{C}}}{I_{\mathrm{B}}} = \left(\frac{\Delta I_{\mathrm{C}}}{\Delta I_{\mathrm{B}}} \right) V_{\mathrm{CE}} \tag{1}$$

이 값은 트랜지스터에 따라 일반적으로 10~1,000의 값을 갖는다.

트랜지스터의 동작원리

npn 트랜지스터의 동작의 핵심은 이미터 전자가 컬렉터로 이동하는 과정에 있으며 이는 두 종류의 전위장벽에 영향을 받는다. 그 첫 번째는 베이스－이미터 간(B-E) 결핍층(또는 공간전하 영역)의 전위장벽에 의한 전장 E_{BE}이며, 두 번째는 베이스－컬렉터 간(B-C) 결핍층에 의한 전장 E_{BC}이다. 그림 3(a)에서 알 수 있듯이 E_{BE}는 전자의 이동을 방해하지만 E_{BC}는 전자의 이동을 도와준다. 따라서 이미터 전자가 컬렉터로 이동하기 위해서는 외부 바이어스를 이용해 E_{BE}는 제거하고 E_{BC}는 강화 내지는 유지시켜야 하며 그림 3(b)가 이를 보여준다.

즉 그림 3(b)에서 B-E 다이오드에는 순방향 바이어스 E_{BE}를 이용해 E_{BE}를 제거하고 B-C 다이오드에는 역방향 바이어스 V_{CB}를 이용해 E_{BC}를 강화시켜 준다. 이 상태에서는 이미터 컬렉터에 전류가 흐르기 시작하여 트랜지스터가 활성화된다. 그림 3(b)에서 이미터의 전자가 컬렉터로 이동하는 과정에서 베이스를 통과하여야 한다. 그림 4를 보라. 이 과정에서 일부 전자들은 베이스 영역의 다수 운반자인 구멍들과 재결합하면서 소멸되며 함께 소멸된 구멍은 전원 V_{BE}가 베이스 단자를 통해 보충해준다. 그 결과로 이미터에서 베이스로 주입된 전자의 농도는 이미터 쪽 접합부에 가까울수록 높고 컬렉터 쪽 접합부로 갈수록 낮게 분포한다. 따라서 베이스 영역의 전자농도는 균일하지 않고 그림 4와 같이 기울

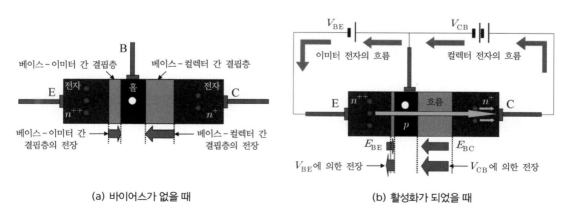

(a) 바이어스가 없을 때   (b) 활성화가 되었을 때

그림 3 npn 트랜지스터의 전기적 특성 변화

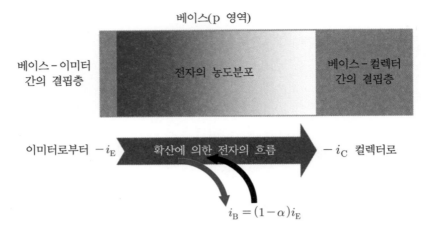

베이스(p 영역)

베이스-이미터
간의 결핍층

전자의 농도분포

베이스-컬렉터
간의 결핍층

이미터로부터 $-i_E$　확산에 의한 전자의 흐름　$-i_C$ 컬렉터로

$$i_B = (1-\alpha)i_E$$

그림 4 베이스 영역에서 일어나는 확산과 재결합 현상

기가 형성되는 것이다. 전자농도의 기울기에 의해 베이스에는 컬렉터 쪽으로 전자의 확산이 일어나며, 이를 확산전류라 한다. 전자의 이동은 전류의 방향과 반대이므로 그림에서 이미터 전류와 컬렉터 전류는 $-i_E$, $-i_C$로 표현하였다. 그리고 구멍(hole)의 이동은 전류의 방향과 일치하므로 베이스 전류는 i_B로 표현된다. 그림 4에서 이미터로부터 출발한 전자는 베이스에서 일부 재결합되고 나머지가 컬렉터에 도달한다. 따라서 i_E와 i_C 및 i_B의 관계는 $\alpha < 1$의 상수로서 $i_C = \alpha\, i_E$, $i_B = (1-\alpha)i_E$로 나타낼 수 있으며 이로부터 i_C와 i_B의 관계는 다음과 같다.

$$i_c = \frac{\alpha}{1-\alpha}i_B = \beta i_B \qquad (2)$$

단 상수 β는 다음과 같이 정의되며 전류증폭률이라 한다.

$$\beta = \frac{\alpha}{1-\alpha} \qquad (3)$$

전류증폭률 β는 보통 수십에서 수백 배에 이른다. 예를 들어 $\alpha = 0.9$이면 $\beta = 9 \cong 10$이며 $\alpha = 0.99$이면 $\beta = 99 \cong 100$이다. 이상으로 활성화된 트랜지스터에서는 컬렉터 전류와 베이스 전류가 식 (2)와 같이 일정한 비율의 증폭관계가 있다(그림 5). 상수 α를 크게 하기 위해서는 베이스 영역 내에서의 재결합 확률을 줄여야 한다. 이를 위해 베이스 영역의 구멍농도를 가능한 한 작게 하는 것이 유리하다. 따라서 앞서 설명한 바와 같이 npn 트랜지스터의 다수 캐리어 농도 관계는 $n^{++} \gg n^+ \gg p$를 유지하도록 하는 것이다. 재결합 확률을 줄이는 또 하나의 방법은 베이스 영역의 폭을 줄임으로써 전자가 베이스 영역을 통과하는 시간을 단축시키는 것이다. 이상을 종합하면 활성화된 트랜지스터의 동작은 그림 6과 같이 표현할 수 있다. 그림 6에서 유의할 점은 각 전류는 그림에서 표시된 방향으로 흐를 수 있으며 그 반대 방향으로는 허용되지 않는다는 것이다.

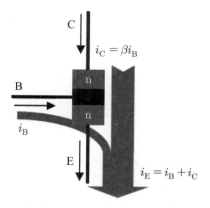

그림 5 npn형 트랜지스터의 전류

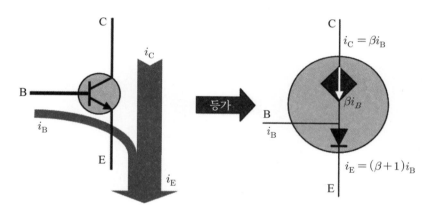

(a) npn형 트랜지스터

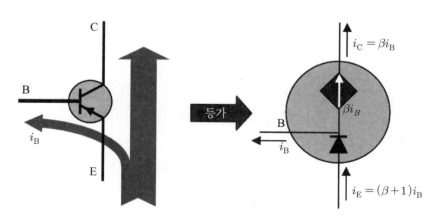

(b) pnp형 트랜지스터

그림 6 활성화된 트랜지스터에 대한 등가적 표현

준비물 >>>

- 트랜지스터의 C-E 회로의 특성장치
- 직류전원장치
- 트랜지스터 2N3096(pnp형)

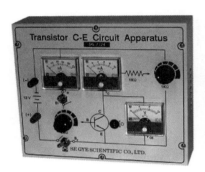

그림 7 실험준비물

4 방법 >>>

❶ pnp형 트랜지스터(2N3096)를 방향에 맞게 트랜지스터 단자에 꽂는다. 여기서 제공된 시료를 사용할 경우에는 트랜지스터를 위에서 봤을 때의 모양이 단자 뒷부분에 그려진 그림 8의 방향과 같도록 설치하면 된다.

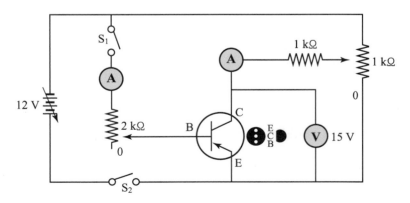

그림 8 CE 회로의 컬렉터 특성 측정회로

❷ 2 MΩ과 1 kΩ의 가변저항을 O쪽으로(최소로) 놓고, 12 V 전원을 극성에 맞게 연결한다. 적색 연결케이블은 +단자, 흑색 연결케이블은 −단자에 연결한다.

❸ 스위치 S_1을 열고, S_2를 닫아서 전류계의 베이스 전류(I_B)를 '0'이 되게 한다.

❹ 1 kΩ의 가변저항을 천천히 변화시켜서 컬렉터 전압 V_{CE}를 '0'에서 출발하여 0.2 V씩 증가시켜서 컬렉터 전류(I_C)를 측정 기록한다. I_C의 변화가 적어지기 시작하면 V_{CE}의 간격을 약 2 V로 한다.

❺ 다음 스위치 S_1을 닫고, 2 MΩ 가변저항을 서서히 변화시켜서 I_B를 10 μA로 조정한 후 위의 과정 ❹를 반복하여 V_{CE}와 I_C를 측정한다.

❻ I_B를 0 μA, 10 μA, 30 μA, 40 μA에서 ❹와 ❺의 과정을 반복하여 측정한다.

❼ V_{CE}를 x축, I_C를 y축으로 잡고, 측정한 결과를 그래프로 그린다.

❽ 이 결과를 다시 I_C대 I_B곡선으로 바꾸어 그래프를 그리고, I_B의 아주 작은 변화가 I_C의 큰 변화로 바뀌는 것을 확인함으로써 식 (1)에 의하여 트랜지스터의 전류증폭률을 얻을 수 있다.

5 결과

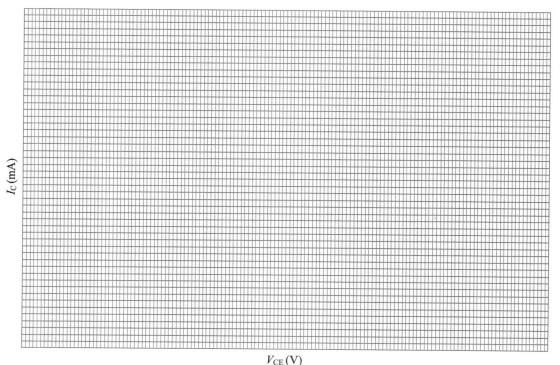

$I_B = 0 μA$인 경우 $V_{CE}(V)$ vs $I_C(mA)$ 그래프

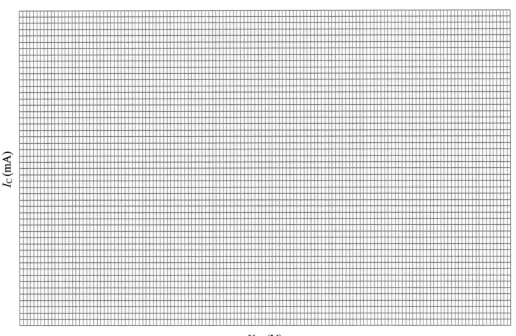

$I_{\mathrm{B}} = 10\,\mu\mathrm{A}$인 경우 $V_{\mathrm{CE}}(\mathrm{V})$ vs $I_{\mathrm{C}}(\mathrm{mA})$ 그래프

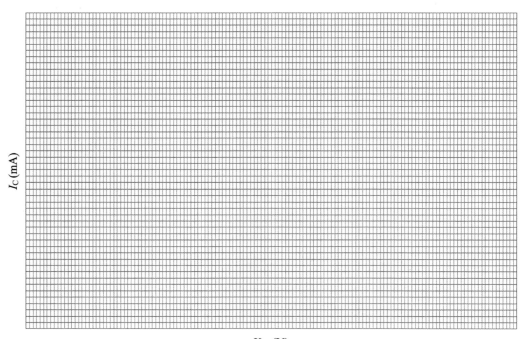

$I_{\mathrm{B}} = 30\,\mu\mathrm{A}$인 경우 $V_{\mathrm{CE}}(\mathrm{V})$ vs $I_{\mathrm{C}}(\mathrm{mA})$ 그래프

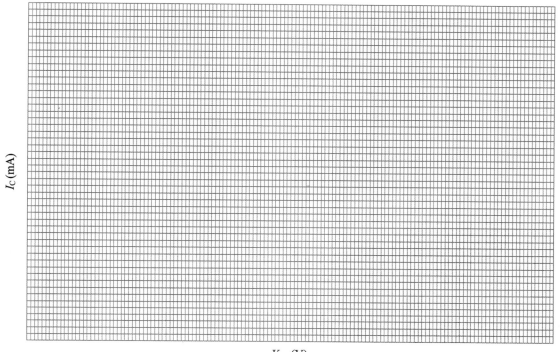

$I_{\mathrm{C}}\,(\mathrm{mA})$

$V_{\mathrm{CE}}\,(\mathrm{V})$

$I_{\mathrm{B}} = 40\,\mu\mathrm{A}$인 경우 $V_{\mathrm{CE}}(\mathrm{V})$ vs $I_{\mathrm{C}}(\mathrm{mA})$ 그래프

6 　토의 및 결론

7 　참고문헌

25 렌즈의 곡률반경 측정(Newton Ring)

1 목적

단색광에 의하여 Newton의 원무늬(Newton ring)를 만들고 원무늬의 원인이 되는 구면의 곡률반경을 측정한다. 단색광(monochromatic light)이라 함은 파장 혹은 진동수가 하나의 일정한 값을 가진 가시광선을 뜻한다. 레이저가 대표적인 단색광이다. 보통의 빛은 여러 가지 파장으로 이루어져 있다. 강의교재 23, 24장에서 빛의 굴절, 간섭, 회절 등에 대하여 자세히 알아보기 바란다.

2 원리

평면유리 위에 곡률반경이 큰(몇 m 이상) 평(平)볼록렌즈의 볼록면을 대고, 위쪽에서 거의 수직으로 빛을 쏘여 반사광 또는 투과광을 관측하면 접촉점을 중심으로 여러 개의 동심원 무늬가 나타나는데, 이를 뉴턴 링이라고 부른다. 얇은 막(thin film ; 보통 박막(薄膜)이라고 부른다)에 의한 빛의 간섭무늬의 일종이다.

1665년 훅에 의해 처음으로 관측되었으나 그 후 뉴턴에 의해 원무늬의 반지름이 정밀하게 측정되었기 때문에 뉴턴의 원무늬라고 부른다. 이것은 평면유리와 평볼록렌즈의 볼록면 사이에 얇은 공기층이 있기 때문에 생기는 빛의 간섭무늬이며 보통의 빛에서는 빛깔을 띠어 아롱져 보이나 단색광을 쪼이면 명암이 뚜렷한 무늬가 보이게 된다. 또 유리가 완전한 평면이면 무늬도 완전한 동심원이 된다. 렌즈의 곡률이나 유리의 평탄도를 조사하는 데 이용된다.

그림 1과 같이 반사판 F 위에 볼록렌즈 A와 평면유리판 B를 올려놓는다. 그리고 평면유리판 BB′위에 약 45°의 경사를 갖도록 한 평행유리판 GG′를 스탠드에 고정한다. 할로겐램프에서 나온 광선(단색광)을 수렴렌즈 L에 의하여 평행광선이 되게 한다. 평행광선은 평행유리판 GG′에 의해 반사되어 평면유리판 B, 볼록렌즈 A를 통과하게 되고 반사판 F에서 반사된 다음 평행유리판 GG′의 위쪽에 있는 유동현미경 M을 통하여 우리 눈에 보이게 된다. 이때, 양쪽 볼록렌즈 A와 반사판 F에 의한 각각의 반사광이 간섭을 일으켜 원무늬가 발생한다.

렌즈(A)의 곡률반경(R), 원무늬의 반경(r), 공기층의 윗면과 아랫면에서의 두 반사광선 사이의 광로차(d)는 다음과 같은 관계를 가진다.

$$r^2 = (2R - d)d = 2Rd - d^2 \approx 2Rd \qquad (1)$$

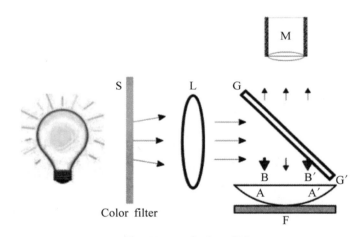

그림 1 Newton's ring 개념도

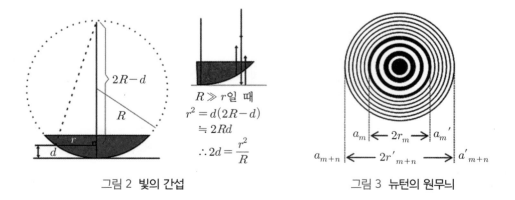

그림 2 빛의 간섭

그림 3 뉴턴의 원무늬

이때 마루와 마루가 겹치고 골과 골이 겹치는 경우를 보강간섭이라고 한다. 간섭된 파동의 진폭은 각 파동의 진폭의 합과 같으며 동일한 진동수를 갖는다. 위상의 차이가 180°이고 골이 마루와 겹치는 경우를 소멸간섭이라 한다.

전체 광로차 $2d$는 식 (1)에 따라, $2d = \dfrac{r^2}{R}$이 되고, 이때 반사면의 소멸관계를 고려하면 전 광로차가 $2d - \dfrac{\lambda}{2}$가 될 때 원무늬는 어둡게 된다. 제 m번째의 어두운 원무늬의 반지름 r_m과 파장과의 관계는

$$\frac{r_m^2}{R} + \frac{\lambda}{2} = (2m+1)\frac{\lambda}{2}$$

$$r_m^2 = m\lambda R \ (m = 0,\ 1,\ 2,\cdots) \tag{3}$$

이 된다. 그리고 $m+n$번째의 어두운 원무늬의 반지름 r_{m+n}은

$$r_{m+n}^2 = (m+n)\lambda R \tag{4}$$

이며, 따라서 렌즈의 곡률반경 R은 아래와 같은 관계식을 갖는다.

$$r_{m+n}^2 - r_m^2 = n\lambda R \tag{5}$$

평면유리판(F) 위에 곡률을 가진 볼록렌즈를 놓고 단색광을 수직으로 입사시킬 때 이 사이의 공기층은 극히 얇으므로 입사광과 반사광은 거의 평행이 된다. 식 (5)를 R에 대해서 정리하면 다음과 같다.

$$R = \frac{r_{m+n}^2 - r^2}{n\lambda} \tag{6}$$

그림 3과 같이 m번째 어두운 무늬의 지름은

$$2r_m = a'_m - a_m \tag{7}$$

이고, $m+n$번째 어두운 무늬의 지름은

$$2r_{m+n} = a'_{m+n} - a_{m+n} \tag{8}$$

이므로, 식 (7)과 (8)을 식 (6)에 대입하면 식 (9)와 같은 곡률반경 R의 식을 얻는다.

$$R = \frac{(a'_{m+n} - a_{m+n})^2 - (a'_m - a_m)^2}{4n\lambda} \tag{9}$$

3 준비물

- 실험장치(①)
- Color filter(②)
- 볼록렌즈(③)
- 렌즈 지지대(④)
- 서포트 잭(⑤)
- 광원(⑥)

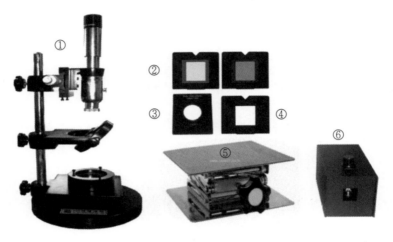

그림 4 실험준비물

4 방법

❶ 그림 4처럼 광학종합실험장치의 단색광원을 사용하거나 일반광원인 경우 앞에 필터(Green, Red, Blue 등)를 적용하여 사용한다.

❷ 그림 5처럼 평행광을 만들어주기 위해서는 볼록렌즈(L)를 사용하여 좌우로 이동시켜가며 렌즈 앞의 스크린(흰색 종이 사용)에 모아진 빛의 크기와 L로부터 약 30 cm 떨어진 곳의 빛의 크기가 거의 같다면 평행광으로 간주하도록 한다. 최대한 같은 크기가 될 수 있도록 해준다.

❸ 그림 5에서 장치의 반사판(G)을 45° 내외로 조절하고 광원의 높낮이를 조절하여 빛이 시료에 수직하게 입사되도록 한다.

❹ 경통을 반사판에 닿지 않을 정도로 최대한 내린 후, 천천히 위로 올리면서 접안렌즈를 통해 무늬가 잘 보이도록 높낮이 조절을 해준다.

❺ 접안렌즈를 통해 관찰되는 이미지 위에는 기준선(십자선 or 일자선)이 동시에 보이게 된다. 마이크로미터를 조작하여 기준선을 측정할 지점으로 이동시켜 준다.

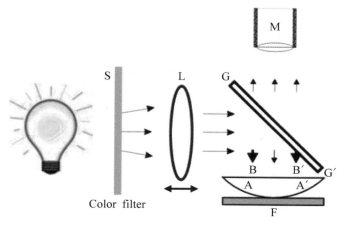

그림 5 실험개념도

그림 6 원무늬의 측정지점

❻ 그림처럼 십자선(또는 일자선)이 원무늬 위에 있을 때 마이크로미터가 가리키는 눈금 a_m 을 읽어 기록한다. 여기서부터 왼쪽으로 임의의 n번째 어두운 원무늬에 십자선(또는 일자선)을 맞추어 n (그림 3에서는 $n = 6$임)과 마이크로미터가 가리키는 a_{m+n}의 눈금을 기록한다.

❼ 같은 방법으로 a'_m, a'_{m+n}을 마이크로미터로 측정하여 기록한다.

❽ 아래 수식을 이용해 구면렌즈의 곡률반경(R)을 구한다.

$$R = \frac{(a'_{m+n} - a_{m+n})^2 - (a'_m - a_m)^2}{4n\lambda}$$

❾ n을 1, 2, 3, 4, 5, 6, 7 중 5가지를 택하여 위 실험 ❻~❽을 반복하여 곡률반경 R을 구하여 평균곡률반경을 구한다.

❿ 광원의 파장(Color filter)을 바꾸어 반복실험을 한다.

실험 1   Color filter 1 측정값 및 계산(단위 mm)

n	a_{m+n}	a_m	a'_m	a'_{m+n}	R
1					
2					
3					
4					
5					
빛의 파장 $\lambda=$ nm				평균	

실험 2   Color filter 2 측정값 및 계산(단위 mm)

n	a_{m+n}	a_m	a'_m	a'_{m+n}	R
1					
2					
3					
4					
5					
빛의 파장 $\lambda=$ nm				평균	

실험 3   Color filter 3 측정값 및 계산(단위 mm)

n	a_{m+n}	a_m	a'_m	a'_{m+n}	R
1					
2					
3					
4					
5					
빛의 파장 $\lambda=$ nm				평균	

6 토의 및 결론

>>>

7 참고문헌

>>>

26 빛의 반사와 굴절실험

1 / 목적 　　　　　　　　　　　　　　　　　　　　　　　>>>

빛의 기본적인 성질 중 반사와 굴절원리에 대하여 이해한다. 강의교재 24장을 자세히 공부하기 바란다.

2 / 원리 　　　　　　　　　　　　　　　　　　　　　　　>>>

1. 빛의 반사

이 실험에서는 하나의 광선이 평면거울에 의해 반사되는 것을 관측하기로 한다. 그림 1은 광선이 유리면을 만날 때의 모습이다. 그림에서 θ_i를 입사각이라 하고 θ_r를 반사각이라고 한다. 이런 각도들은 경계면에 수직인 방향과 광선 사이의 각도로 정의된다. 그리고 경계면에 수직인 벡터와 입사광선으로 정의된 평면을 입사면[그림 1 (b)]이라고 부른다. 반사광선은 입사평면 안에 놓여 있으며, 다음의 관계식을 만족한다.

$$\theta_i = \theta_r$$

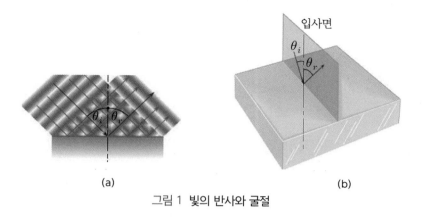

(a)   (b)

그림 1 빛의 반사와 굴절

2. 빛의 굴절

반사면에 입사된 빛은 광선 방향이 매질의 굴절률이 변화된 만큼 바뀐다. 빛이 두 개의 다른 물질의 경계, 예를 들면 공기와 아크릴 사이 또는 유리와 물의 경계를 지날 때에 방향이 바뀐다. 이런 경우를 굴절이라 한다. 굴절하는 빛의 성질은 간단한 법칙으로 표현되는데, 이를 스넬의 법칙이라고 하며 다음과 같이 표현된다.

$$n_i \sin\theta_i = n_t \sin\theta_t$$

그림 2에서 상수 n_i와 n_t는 굴절률이다. 따라서 여러 파장이 합성된 빛의 경우 경계면에서 굴절에 의해 각각의 파장성분이 분리되어 다른 방향을 향하게 된다. 이런 현상을 색의 분산현상이라고 부른다. 일반적으로 어떤 매질에 대한 굴절률은 짧은 파장(파랑색)에 대해서 크고 긴 파장인 붉은색에 대해서는 작다.

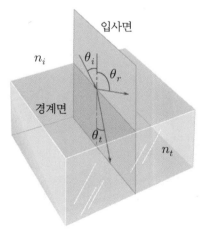

그림 2 입사각(θ_i), 반사각, 굴절각(θ_t)

준비물 >>>

- 광학받침대
- 광원
- 광선테이블과 받침
- 슬릿판
- 슬릿마스크
- 광학거울

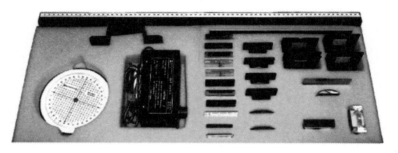

그림 3 실험준비물

---

4 **방법** >>>

1. 실험 1 : 빛의 반사

❶ 그림 4와 같이 장치를 설치한다. 단일광선이 광선테이블(Ray table degree scale) 위에 수직(Normal) 이라고 표시된 굵은 화살표와 일치하도록 한다.

❷ 거울의 반사면이 광선테이블의 Component라고 쓰인 굵은 선에 일치하도록 한다. 거울이 잘 놓여 져 있다면 광선테이블의 굵은 화살표와 거울의 반사면이 서로 수직이 될 것이다.

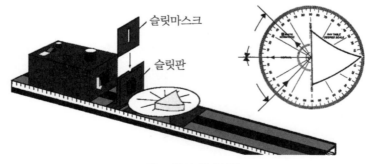

슬릿마스크

슬릿판

그림 4 빛의 반사실험

③ 광선테이블을 돌려가며 광선을 관측한다. 그림 1과 2와 같이 입사와 반사각도를 반사면의 수직에 대해 측정한다.

④ 광선테이블을 돌려가며 그때의 입사각과 반사각을 표에 기록한다.

⑤ 반대방향으로 회전시키면서 ④의 과정을 반복하여 표에 기록한다.

2. 실험 2 : 빛의 굴절

① 그림 5처럼 장치를 설치한다. 단일광선이 광선테이블(Ray table degree scale) 위에 수직(Normal)이라고 표시된 굵은 화살표와 일치하도록 한다.

② 원통면 렌즈의 평면부분을 Component라고 쓰인 굵은 선에 일치시킨다. 렌즈가 제대로 놓이면 각도 눈금의 중심부에서부터 퍼지는 방사선들이 렌즈의 원형면과 수직이 될 것이다.

③ 렌즈를 움직이지 말고 광선테이블을 돌려가며 입사각에 대한 굴절각을 관찰한다.

④ 광선테이블을 돌려가며 입사각에 대한 굴절각을 측정하여 표에 기록한다.

⑤ 반대방향으로 회전시키면서 ④의 과정을 반복하여 기록한다.

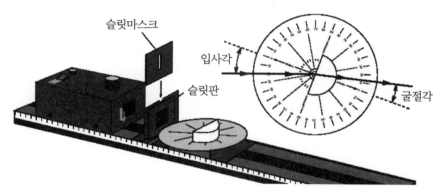

슬릿마스크
슬릿판
입사각
굴절각

그림 5 빛의 굴절실험

5. 결과

실험 1 빛의 반사

입사각(θ_i)	반사각(θ_r) 1	반사각(θ_r) 2	반사각(θ_r) 3	반사각(θ_r) 4	반사각(θ_r) 5	평균	$|\theta_i - \theta_r|$
0°							
10°							
20°							
30°							
40°							
50°							
60°							
70°							
80°							
90°							

실험 2 빛의 굴절

입사각(θ_i)	굴절각(θ_t) 1	굴절각(θ_t) 2	굴절각(θ_t) 3	굴절각(θ_t) 4	굴절각(θ_t) 5	평균	$n_t = n_i \dfrac{\sin\theta_i}{\sin\theta_t}$
0°							
5°							
10°							
15°							
20°							
25°							
30°							
35°							
40°							
45°							

6 토의 및 결론

>>>

7 참고문헌

>>>

편광실험(브루스터각)

1 / 목적

자연광이 평면에 입사되어 완전편광되는 현상을 이해하고 브루스터각의 개념을 이해한다. 빛의 편광을 이해하려면 우선 빛이 전자기파라는 사실을 알아야 한다. 이에 대한 것은 강의교재 23장을 참고하기 바란다.

2 / 원리

그림 1은 편광되지 않은 광선이 유리판에 입사하여 반사되고 굴절되는 모습을 그린 것이다. 광선의 전기장은 그림에서 점으로 표시한 수직성분과 화살로 표시한 수평성분으로 나눌 수 있다. 편광되지 않은 빛은 이들 두 성분이 같은 크기를 갖는다.

유리나 그 밖의 유전체에는 Brewster각 θ_B라고 하는 특별한 입사각이 존재할 수 있다. 이 각도로 광선이 입사하면 평행성분은 전혀 반사되지 못한다. 즉 반사광은 완전히 편광되어 있으며 그 진동평면은 입사평면에 수직이 된다. 평행성분이 반사되지 못했다 함은 이 성분이 완전히 굴절되었음을 뜻한다. 일반적인 입사각에 대해서도 평행성분이 반사되기는 하나 약하게 반사되어 반사광은 부분편광 현상을 보인다.

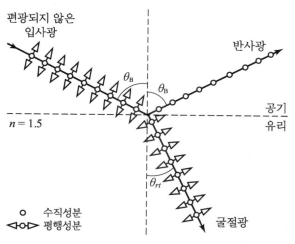

그림 1 빛의 반사와 굴절 그리고 편광

편광필름을 갖고 있다면 맑은 날 유리창에서 반사된 빛을 관찰하면 쉽게 편광현상을 볼 수 있을 것이다. 물론 수면으로부터 반사된 빛도 수평방향으로 일부 또는 전부 편광되어 있다.

Brewster의 법칙

Brewster각 θ_B로 입사하는 광선에 대해서는 반사광과 굴절광의 진행방향이 90°를 이룬다. 즉 그림 1에서 보듯이 반사각은 θ_B이고 굴절각은 θ_{rt}이며 이들 사이에는

$$\theta_r + \theta_{rt} = 90°$$

의 관계가 성립한다($\theta_r = \theta_B$). 그리고 스넬의 법칙으로부터

$$n_1 \sin\theta_B = n_2 \sin\theta_{rt}$$

의 관계를 얻을 수 있고 다시 이들 식으로부터

$$n_1 \sin\theta_B = n_2 \sin(90° - \theta_B) = n_2 \cos\theta_B$$

인 관계를 얻는다. 입사광과 반사광의 매질이 공기라고 하면 굴절률은 $n_1 \simeq 1.0$이므로

$$\theta_B = \tan^{-1} n_2$$

이다. 이 식의 관계를 Brewster의 법칙이라고 부른다. 이 관계식을 이용하면 매질의 굴절률(n_2)을 얻을 수 있다.

3 / 준비물 >>>

- 광학받침대
- 광선테이블과 받침
- 슬릿판
- 광원
- 광선테이블 부품지지대
- 슬릿마스크
- 편광판
- 원통면 렌즈

그림 2 실험준비물

4 / 방법 >>>

❶ 그림 3과 같이 장치를 설치한다. 단일광선이 광선테이블(Ray table degree scale) 위에 수직(Normal) 이라고 표시된 굵은 화살표와 일치하도록 한다.

❷ 슬릿판과 슬릿마스크를 조정하여 하나의 광선만 광선테이블의 중심에 들어오도록 한다.

❸ 원통면 렌즈의 단면부분을 Component라고 쓰인 굵은 선에 일치시킨다.

❹ 렌즈를 움직이지 말고 광선테이블을 돌려가며 입사각에 대한 굴절각을 관찰한다.

❺ 광선테이블을 돌려서 표 3-1에 주어진 입사각에 따라 0도부터 시작하여 반사각과 굴절각을 측정 하여 기록한다.

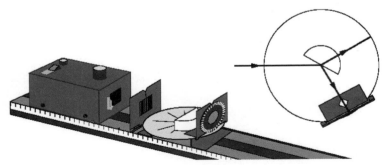

그림 3 브루스터각 측정

⑥ 반사각과 굴절각($\theta_B + \theta_{rt}$)이 90°를 이룰 때, 표에 브루스터각(θ_B)이라고 기재한다. 그리고 매질의 굴절률(n_2)을 구하라.

⑦ 편광판이 장착된 지지대를 광선테이블의 반사광선 쪽에 설치한다.

⑧ 편광판을 통하여 광원의 필라멘트를 보면서 편광판을 천천히 돌려 완전편광을 확인한다.

5 결과

	입사각(θ_i)	반사각(θ_r)	굴절각(θ_{rt})	$\theta_r + \theta_{rt}$	브루스터각(θ_B) 표시할 것	$n_2 = n_i \dfrac{\sin\theta_i}{\sin\theta_{rt}}$
1						
2						
3						
4						
5						
6						
7						
8						
9						
10						

$\theta_r + \theta_{rt} = 90°$인 경우 $\theta_r = \theta_B$이다.

$n_2 = \tan\theta_B$

$\quad =$

6 토의 및 결론

7 참고문헌

28 Young의 간섭실험

1 목적

>>>

이중슬릿에 의한 빛의 간섭과 회절현상을 관찰하고 빛의 파장을 구한다. 강의교재 23장 중 이중슬릿 간섭부분을 집중 공부하기 바란다. 특히 연습문제 8번과 9번은 본 실험과 직접적으로 연관된 문제들로 반드시 풀어보기 바란다.

2 원리

>>>

토마스 영(Tomas Young)은 빛에 대한 간섭효과를 발견하여 빛의 파동설을 세웠다. 간섭이란 두 개의 파동이 서로 중첩되어 어떤 공간에 에너지가 균일하게 분포되지 않고, 어느 점에서는 극대가 되고 다른 점에서는 극소가 되는 현상을 말한다. 간섭을 일으키기 위해서는 두 개 이상의 파동이 같은 속도, 진동수, 파장 및 상대적 위상이 일정하게 유지되어야 한다.

그림 1에서와 같이 두 개의 슬릿 B, C에서 나온 빛의 간섭을 생각하자. 슬릿 A를 통과한 빛은 회절에 의하여 퍼져나가서 슬릿 B, C에 도달한다. 이들 슬릿을 통과한 광선은 다시 회절하여 두 개의 구면파가 서로 겹쳐서 진행한다. 입사광선이 단색광이면 이 두 파가 서로 간섭을 일으켜 스크린 위에 밝고 어두운 간섭무늬를 만든다.

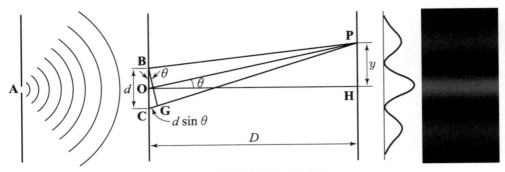

그림 1 이중슬릿에 의한 회절현상

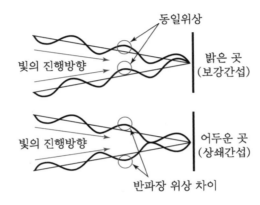

그림 1에서 슬릿 B, C로부터 점 P에 이르는 두 광선은 슬릿에서 같은 위상에 있고, 두 광선 사이에는 점 P에 도달할 때 위상차가 생긴다. 이때 두 슬릿의 간격 d와 PH가 슬릿과 스크린까지의 거리 D보다 매우 작다면 두 광선 사이의 경로차 δ는 다음과 같이 주어진다.

$$\delta = \mathrm{CP} - \mathrm{BP} = \mathrm{CG} \tag{1}$$

만일, 경로차(δ)가 입사광의 파장(λ)의 정수배가 되면 점 P에서 위상이 같게 된다. 즉 마루와 마루가 만나게 된다. 따라서 점 P에서 두 파의 진폭이 서로 더해져 보강간섭을 일으키고 밝은 점이 된다. 그림 1에서와 같이 경로차는 $\mathrm{CG} = d\sin\theta$이므로 점에서 보강간섭조건은 다음과 같다.

$$\mathrm{CG} = d\sin\theta = m\lambda$$

그런데

$$d\sin\theta = \frac{\overline{\mathrm{CG}}}{\overline{\mathrm{BC}}}$$

이고, $\angle\mathrm{CBG} = \angle\mathrm{POG}$ 이다. 또, D를 ∞라 가정하면, $\overline{\mathrm{OH}}$와 $\overline{\mathrm{OP}}$의 길이가 같다고 할 수 있으므로,

$$\sin\theta = \frac{\overline{\mathrm{PH}}}{\overline{\mathrm{OP}}}$$

$$\approx \frac{\overline{\mathrm{PH}}}{\overline{\mathrm{OH}}} \quad (\because D = \infty)$$

$$= \frac{y}{D}$$

가 된다. 다시 정리하면

$$d\frac{y}{D} = m\lambda$$

가 된다. 따라서 빛의 파장은 다음과 같이 주어진다.

$$\lambda = \frac{dy}{mD} \tag{2}$$

보강간섭의 조건은 아래 표 1과 같다.

표 1 보강간섭 조건

보강간섭 조건(극대)	$d\sin\theta = m\lambda(m = 0,\ 1,\ 2,\ \cdots)$	d : 슬릿의 간격(mm) θ : 회절각(rad) λ : 빛의 파장(nm) D : 슬릿으로부터 스크린까지의 거리(mm)
극대 위치	$y_m = \dfrac{m\lambda D}{d}(m = 0,\ 1,\ 2,\ \cdots)$	

점 P에서 두 파의 경로차가 반파장의 홀수배가 되면 두 파는 서로 마루와 골이 만나게 되고 소멸간섭을 일으켜 어두운 점이 된다.

소멸간섭 조건은 아래 표 2와 같다.

표 2 소멸간섭 조건

소멸간섭 조건(극소)	$d\sin\theta = \left(m + \dfrac{1}{2}\right)\lambda(m = 0,\ 1,\ 2,\ \cdots)$	d : 슬릿의 간격(mm) θ : 회절각(rad) λ : 빛의 파장(nm) D : 슬릿으로부터 스크린까지의 거리(mm)
극소 위치	$y_m = \dfrac{\left(m + \dfrac{1}{2}\right)\lambda D}{d}(m = 0,\ 1,\ 2,\ \cdots)$	

3 준비물 >>>

그림 2 실험장치

표식	슬릿 개수	슬릿 폭(mm)	슬릿 간격(mm)
A	1	0.04	
B	1	0.08	
C	1	0.16	
D	2	0.04	0.125
E	2	0.04	0.250
F	2	0.08	0.250
G	10	0.06	0.250
H	십자선	0.04	
I	225개 원무늬 랜덤 배열(지름 : 0.06 mm)		
J	15×15 원무늬 격자 배열(지름 : 0.06 mm)		

그림 3 슬릿의 사양

4 방법 >>>

❶ 그림 2와 같이 광학대 위의 좌측 끝에 레이저와 우측 끝에 스크린을 설치한다.

❷ 레이저의 스위치를 켜고 레이저광을 스크린의 0점에 맞춘다.

❸ 슬릿을 지지대에 부착하고 광학대의 기준점에 위치시킨다. 슬릿과 스크린의 간격은 약 1,000 mm 가 되도록 한다.

❹ 슬릿 중 하나의 이중슬릿(슬릿 사양표 참조)을 선택하여 슬릿의 중심에 레이저광을 통과시켜 스크 린에 맺힌 상을 관찰해본다. 정확하게 맞추면 스크린에 밝고 어두운 무늬가 반복적으로 보인다.

❺ 이중슬릿과 스크린 사이의 거리(D)를 측정하여 기록한다.

❻ 스크린에 맺힌 상의 가장 밝은 간섭무늬의 중심으로부터 m번째 밝은 무늬의 중심까지의 거리(y_m)를 측정한다. 중심(H)으로부터 좌우 대칭이므로 좌우 어느 쪽을 선택해서 측정해도 무방하다.

❼ 다음 식으로부터 사용한 광원의 파장(λ)을 구하여 기록한다.

$$\lambda = \frac{d \cdot y_m}{m \cdot D}$$

❽ 사용한 레이저의 주어진 파장(λ_{th})과 ❼에서 구한 파장을 비교한다.

❾ 슬릿 간격이 다른 슬릿으로 위의 실험(❶~❼)을 반복한다.

❿ 위 실험의 결과로부터 간섭현상을 이해하고, 슬릿의 다른 무늬에 LASER 빛을 입사시켰을 때 어떤 무늬가 생길지 예상해보라. 또한 실험을 통해 예상했던 무늬가 생기는지 확인하라.

5 결과

실험 1 측정값 및 계산(슬릿 표식 :   , 슬릿 개수 :   , 슬릿의 간격(d)=   mm)

	단위	1	2	3	4	5	평균	파장(λ)
슬릿과 스크린 사이의 거리(D)								
무늬와 중심까지의 거리(y_1)								
무늬와 중심까지의 거리(y_2)								
무늬와 중심까지의 거리(y_3)								
무늬와 중심까지의 거리(y_4)								
무늬와 중심까지의 거리(y_5)								
무늬와 중심까지의 거리(y_6)								

$\lambda = \dfrac{d \cdot y_m}{m \cdot D}$, 붉은색 레이저 파장($\lambda_{th}$ = 633 nm), 초록색 레이저 파장(λ_{th} = 532 nm)

측정 파장의 퍼센트 오차 : $\dfrac{|\lambda_{th} - \lambda|}{\lambda_{th}} \times 100(\%)$ =   (%)

측정값 및 계산(슬릿 표식 :   , 슬릿 개수 :   , 슬릿의 간격(d)=   mm)

	단위	1	2	3	4	5	평균	파장(λ)
슬릿과 스크린 사이의 거리(D)								
무늬와 중심까지의 거리(y_1)								
무늬와 중심까지의 거리(y_2)								
무늬와 중심까지의 거리(y_3)								
무늬와 중심까지의 거리(y_4)								
무늬와 중심까지의 거리(y_5)								
무늬와 중심까지의 거리(y_6)								

$$\lambda = \frac{d \cdot y_m}{m \cdot D},$$ 붉은색 레이저 파장(λ_{th} = 633 nm), 초록색 레이저 파장(λ_{th} = 532 nm)

측정 파장의 퍼센트 오차 : $\dfrac{|\lambda_{th} - \lambda|}{\lambda_{th}} \times 100(\%) = $ (%)

6 ／ 토의 및 결론 ≫

7 ／ 참고문헌 ≫

실 험 29 렌즈의 초점거리 측정(볼록렌즈)

1 목적

볼록렌즈와 오목렌즈의 초점거리를 결정하고 볼록렌즈에 의한 상의 배율을 측정한다. 특히 강의교재 24장을 자세히 공부하기 바란다.

2 원리

1. 렌즈의 초점거리

렌즈의 중심부분이 가장 자리보다 두꺼운 것을 볼록렌즈라 하고 얇은 렌즈를 오목렌즈라 한다. 볼록 렌즈는 평행광선을 한곳에 모으고, 오목렌즈는 평행광선을 한곳에서 나온 것처럼 발산시킨다. 따라서 볼록렌즈에서 평행광선이 모이는 곳을 초점이라고 한다. 오목렌즈에서는 평행광선이 초점에서부터 나 온 것처럼 발산하므로 오목렌즈의 초점을 허초점이라고도 부른다.

물체와 렌즈에 의해 맺혀진 상의 위치는 렌즈 공식에 의하여 다음 식 (1)과 같이 주어진다.

$$\frac{1}{a} + \frac{1}{b} = \frac{1}{f} \tag{1}$$

여기서 a는 물체와 렌즈 간의 거리, b는 렌즈와 상까지의 거리, f는 렌즈의 초점거리이다.

    렌즈와 상까지의 거리(b)가 양의 값이면 상은 실상이고 스크린에 상이 맺힌다. 반대로 음의 값이면 상은 허상이고 렌즈를 통과한 빛은 발산하게 되므로 눈으로 이 빛을 보았을 때 렌즈의 뒤쪽에 있는 상을 볼 수 있다.

    광축과 평행한 광선이 렌즈를 통과하여 광축과 한 점에서 만날 때 이 점을 주초점이라 하고 렌즈의 중심으로부터 주초점까지의 거리를 초점거리라고 한다. 볼록렌즈의 초점거리는 양의 값이고 오목렌즈는 음의 값을 갖는다.

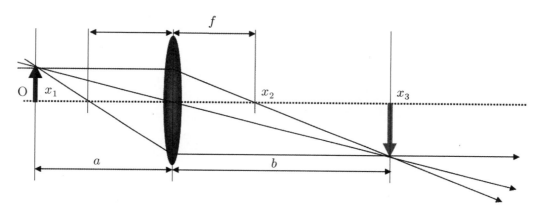

그림 1 볼록렌즈에 의한 상

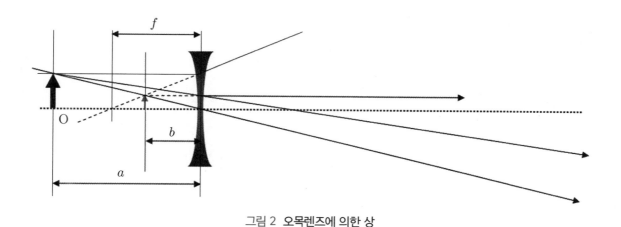

그림 2 오목렌즈에 의한 상

2. 렌즈에 형성된 상의 배율(M)

식 (2)와 같이 상의 길이(a)와 물체의 길이(b)의 비로 정의된다. 이것은 또한 상의 거리와 물체의 거리의 비와 같다.

$$M = \frac{b}{a} \tag{2}$$

3 **준비물**

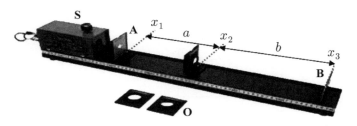

그림 2 실험준비물 및 구성도

4 **방법** >>>

볼록렌즈의 초점거리 측정

볼록렌즈의 초점거리 측정방법에는 평행광선법, 부합방법과 공액점방법 등이 있다. 이 실험에서는 공액점방법을 택한다.

❶ 광학대 위에 스크린(B)과 십자 눈금판(A)을 올려놓고, 광원(S)은 십자 눈금판(A)의 좌측에 설치한다.

❷ 십자 눈금판의 위치(x_1)와 스크린의 위치(x_3)를 측정하여 기록한다.

❸ 볼록렌즈(O)를 십자 눈금판(A)으로부터 정해진 위치에(x_1) 놓는다. 스크린(B)에 확대된 상의 크기를 관찰하면서 볼록렌즈(O)를 좌우로 조금씩 움직여 스크린(B)에 가장 선명한 상이 맺히도록 볼록렌즈(O)의 위치를 정한다. 십자 눈금판(A)과 볼록렌즈(O), 스크린(B)의 중심이 일직선상에

위치하도록 하고, 십자 눈금판(A)과 볼록렌즈(O), 스크린(B) 각각의 면에 대하여 광축이 수직하도록 한다.

❹ 상이 가장 선명할 때 볼록렌즈(O)의 위치(x_2)를 기록한다.

❺ 측정값 x_1, x_2, x_3로부터 십자 눈금판(A)과 볼록렌즈(O) 사이의 거리(a), 볼록렌즈(O)와 스크린(B) 사이의 거리(b)를 계산하여 기록한다.

$$a = x_2 - x_1$$
$$b = x_3 - x_2$$

계속하여 초점거리(f)와 배율(M)을 계산하여 기록한다.

$$\frac{1}{f} = \frac{1}{a} + \frac{1}{b}, \quad M = \frac{b}{a}$$

❻ 위의 과정 ❶~❹를 여러 번 반복하여 측정한다.

5 결과

측정값			계산			
d_0 계산	d_i	h_i	$1/d_i + 1/d_0$	$1/f$	h_i/h_0	$-d_i/d_0$

6 토의 및 결론

7 참고문헌

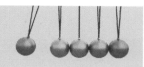

30 오실로스코프 사용법

1 오실로스코프의 원리

오실로스코프는 전기적인 신호를 화면에 그려주는 장치로서 시간의 변화에 따라 신호들의 크기가 어떻게 변화하고 있는지를 나타내주는 기본 측정장치이다. 수직축(y축)은 전압의 변화, 수평축(x축)은 시간의 변화를 나타내며 화면의 명암이나 밝기는 종종 z축이라고 부른다. 이러한 간단한 그래프를 통하여 신호에 대한 많은 다음과 같은 많은 정보를 알 수 있다.

- 입력신호의 시간과 전압의 크기
- 발진신호의 진동수
- 입력신호에 대한 회로상의 응답변화
- 기능이 저하된 요소가 신호를 왜곡시키는 요인
- 직류와 교류의 양
- 신호 중의 잡음과 그 신호상에서 시간에 따른 잡음의 변화

오실로스코프는 화면상에 눈금이 그려져 있는 것과 제어기능들이 많다는 것을 제외하고는 작은 CRT TV와 비슷하다. 오실로스코프의 전면에는 일반적으로 수직부, 수평부, 동기부 등의 조작부가 있으며 또 화면표시부, 입력연결단 등이 있다.

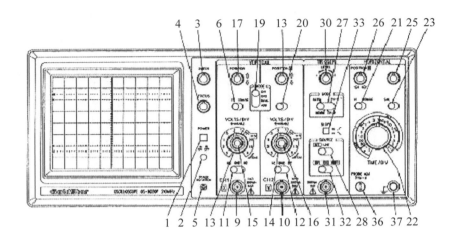

1. 화면조정과 전원부

1. POWER : 반시계방향으로 돌리면 power off, 반대로 돌리면 power on이 된다.

3. INTENSITY : 밝기(휘도 intensity)를 조절한다.

4. FOCUS : 영상의 초점을 맞추는 데 쓰이며 휘도조절기와 함께 가장 선명하고 보기 좋은 상태로 조작되도록 한다.

5. TRACE ROTATION : 화면에 왜곡이 되었을 때 드라이버 등으로 좌우의 균형을 맞추는 데 쓰인다.

2. 수직증폭부

9. CH 1, X IN 코넥터 : 입력신호를 CH 1 증폭부로 연결하거나 X-Y 동작 시 X축 신호가 된다.

10. CH 2, Y IN 코넥터 : 입력신호를 CH 2 증폭부로 연결하거나 X-Y 동작 시 Y축 신호가 된다.

11, 12. AC/GND/DC 전환스위치 : 입력신호와 수직증폭단의 연결방법을 선택할 때 사용한다.

• GND 상태 : 해당 채널의 파형에 대한 기준위치(ground)를 나타낸다. 스위치를 이 상태에 놓으면 수평선이 나타나고 그 위치가 기준위치인 0 V의 상태이다.

• DC 상태 : 일반적인 측정에서는 항상 이 상태로 놓고 측정한다. AC-DC를 모두 볼 때 사용한다. 입력전압의 크기가 GND 상태의 기준위치에 대한 높이로서 나타난다.

• AC 상태 : 파형 중에서 DC 성분을 제외한 나머지 AC 성분만을 따로 보고자 할 때 사용한다. 기준위치를 중심으로 교류성분만이 나타난다.

13, 14. VOLTS/DIV : 화면상의 높이를 나타내는 격자눈금(division) 간의 간격을 조절한다. 예컨대 2 V/DIV으로 나타나는 파형의 크기는 증가하고 높은 값으로 맞출수록 파형의 크기가 감소한다.

15, 16. VARIABLE : 파형의 크기를 연속적으로 증감시킨다. VOLTS/DIV보다 민감하게 조절할 수 있으며, 이를 돌려놓으면 VOLTS/DIV의 눈금간격이 맞지 않게 되므로 크기를 정확히 측정할 때에는 시계방향으로 끝까지 돌려 잠근 상태로 측정한다. CAL 위치로의 전환하는 것이 된다.

17. POSITION : 화면에 나타난 파형을 전체적으로 위아래로 이동시킨다. 측정을 하기 전에 AC/GND/DC 전환스위치를 GND로 놓은 상태에서 기준위치를 상하로 이동, 원하는 위치(예컨대 화면의 가운데)로 설정한 다음 측정을 행하도록 한다.

19. V.MODE : 수직축의 표시형태를 선택하는 데 이용된다.

- CH1 : CH 1에 입력된 신호만 CRT상에 나타난다
- CH2 : CH 2에 입력된 신호만 CRT상에 나타난다.
- DUAL : CH 1, CH 2 의 파형을 동시에 나타낸다.
- ADD : CH 1과 CH 2의 신호가 더해져서 나타난다.

3. 소인과 동기부

21. X10 MAG 스위치 : 이 스위치에 위치하면 소인시간이 10배로 확대되며, 이때의 소인시간은 IME/DIV 지시치의 10배가 된다.

22. TIME/DIV(sweep speed selection) : 화면상의 시간축(좌우) 눈금 크기의 변경에 사용된다. 짧은 주기를 갖는 신호나 긴 주기의 신호를 조절하여 스코프의 화면에 나타나도록 한다(X-Y : CH1의 전압변화가 X축에, CH2의 전압변화가 Y축에 나타난다).

* X-Y MODE 는 위에서 설명한 바와 같이 시간의 변화에 따른 전압의 변화를 나타내는 것이 아니라 두 채널 입력 간의 상관관계를 보여주는 리사주 도형을 출력한다.

25. VARIALBE : 교정된 위치로부터 소인시간을 연속적으로 변화시키는 데 사용한다.

26. HORIZONTAL POSITION : 광점의 위치를 수평방향으로 이동시키는 조절기이다(파형의 측정과는 독립적으로 사용된다).

27. TRIGGER MODE : 소인동기 형태를 선택한다.

- AUTO : 일반적인 사용에서는 이 위치가 편리하다.

28. SOURCE : 트리거를 어디에 기준할 것인가를 선택한다.

- INT : CH 1이나 CH 2에 입력된 신호가 동기신호원이 된다.
- LINE : 교류전원(100 V)에 동기시키고자 할 때 사용한다.
- EXT(external) : 외부에서 SOURCE를 통해 별도의 동기신호를 줄 때 사용한다. 일반적으로 측

정하고 있는 채널에 맞추어 놓으면 된다.

32. INT 스위치 : CH 1이나 CH 2에 입력된 신호로서 동기시키고자 할 때 사용된다.
   - CH 1 : CH 1에 신호가 있을 때 TRIGGER SOURCE로 CH 1을 선택할 수 있다.
   - CH 2 : CH 2에 신호가 있을 때 TRIGGER SOURCE로 CH 2를 선택할 수 있다.

4. 기타

36. PROBE ADJUST : PROBE 보정과 수직증폭기 교정을 위한 구형파(0.5 V, 1 kHz)를 출력한다. 눈금을 확인하는 데 쓰인다.

5. 보충설명

A. 세기(INTENSITY) 조정 : 브라운관의 음극과 그리드 사이의 전위를 조정하여 전자의 흐름을 많게 또는 적게 하여 형광면에 나타나는 휘점 또는 휘선의 밝기를 조절한다. 오랫동안 방치할 경우에는 밝기를 어둡게 한다. 왜냐하면 휘선이 너무 밝으면 형광면이 손상되기 때문이다.

B. 초점(FOCUS) 조정 : 브라운관의 제1양극의 전압을 조정하여 브라운관에 나타나는 휘선의 굵기를 조정

C. AC : 교류
   - GND : 전압기준선 설정
   - DC : 직류나 맥류

D. 채널선택 스위치
   - CH 1 & CH 2 : CH 1과 CH 2는 이곳에 공급되는 피측정 파형만이 화면에 나타남(X-Y 리사주 도형을 화면에 나타내기 위한 것).
   - DUAL : CH 1, CH 2의 두 피측정 파형이 화면에 동시에 나타남
   - ADD : CH 1, CH 2의 두 피측정 파형의 합성파형
   - DIFF : CH 1, CH 2의 두 피측정 파형의 상쇄파형

E. 전압선택(VOLT/DIV) 스위치 : 오실로스코프의 화면에 나타난 파형의 수직진폭을 변화시키는 것으로, 수직 입력에 접속된 증폭기의 이득(dB)을 조정

F. 전압 가변조정기 : 수직 진폭을 미세하게 조정으로, 계기의 전압교정용으로 사용함. 이 조정기를 CAL 위치에 놓고 사용

G. 수직위치 조정기 : 오실로스코프의 화면에 나타난 파형을 기준위치에 오도록 상하로 조정. 수직조정기를 앞으로 당길 경우 수직진폭이 1/5로 줄기 때문에 화면에 나타난 수직진폭값에 5를 곱해

주어야만 피측정 전압을 정확하게 구할 수 있음

H. 주기조정기(TIME/DIV) : 오실로스코프의 화면에 나타난 파형의 수평주기폭을 변화시키는 것. 수평입력에 접속된 증폭기의 이득 조정

I. 주기 가변조정기(SWA VAR) : 주기를 미세조정하는 것으로 계기의 주기교정용으로 사용함. 대개의 경우 오실로스코프에 교정되어 있는 상태이므로, 일반적으로 이 조정기를 CAL 위치에 놓고 사용

J. 수평위치 조정기 : 오실로스코프의 화면에 나타난 파형을 기준위치에 오도록 좌우로 조정. 수직조정기를 앞으로 당길 경우 수평주기폭이 1/10로 줄기 때문에 화면에 나타난 수평주기값에 10을 곱해 주어야만 피측정 전압을 정확하게 구할 수 있음

K. 동기레벨 조정기 : 피측정 신호파형의 시작위치를 정해줌. 앞으로 당기면 파형의 시작 위치점의 기울기가 부(-)로 되고, 뒤로 밀면 파형의 시작위치점의 기울기가 정(+)이 된다.

L. 동기모드 조정기
- AUTO : 오실로스코프가 측정할 수 있는 진동수(주파수) 범위 내에서 사용한다.
- 계기 내부에서 자동적으로 동기를 맞추어 주므로 사용이 간편하며 또한 피측정 신호가 없을 때에는 휘선이 나타난다.
- NORM : 20(Hz) 이상 저주파 측정 시 사용한다.
- TV(+), TV(-) : TV의 수직, 수평 동기신호를 측정할 때나 합성 영상신호를 측정할 때 사용한다. 또한 정극성 영상신호일 때는 TV(+)에 놓고 측정하고, 부극성 영상신호일 때는 TV(-)에 놓고 측정한다.

M. 동기신호원 선택 스위치 : CH 1, CH 2 : CH 1 혹은 CH 2의 피측정 신호를 신호원 사용한다.
- LINE : AC 전원을 동기신호로 사용한다. 대개는 60 Hz이다.
- EXT : 피측정 신호와는 무관하게 TRIG INPUT 단자에 공급되는 신호를 동기신호원으로 사용한다.

N. 프로브 교정 스위치
- CAL 5(V) : 이 단자로부터 1 kHz의 직사각형파 0.5 V의 신호가 출력된다. 이 출력신호를 프로브를 통하여 입력시킨 다음 프로브를 교정한다. 프로브에 교정 트리머 콘덴서가 부착되어 있으며 교정 후 0.5 V 직사각형파가 된다.

O. TRACE ROTATION : 화면에 나타난 휘선이 기울었을 경우 수평이 되게 조정한다.

1. SI 단위계 접두어
2. 도체의 종류 및 성질
3. 건습구 온도계의 습도표
4. 금속과 합금의 물리적 성질
5. 기본물리상수(1)
6. 기본물리상수(2)
7. 기체의 물리적 성질
8. 단위환산
   (길이, 넓이, 부피)
9. 단위환산
   (질량, 에너지, 공률, 전력, 압력)
10. 마찰계수

11. 물의 성질
    (끓는점, 밀도, 표면장력)
12. 비금속재료의 물리적 성질
13. 액체의 물리적 성질
14. 여러 가지 물질의 굴절률
    (액체, 광학재료, 금속, 공기)
15. 여러 재료의 물성
    (저항률, 온도계수, 녹는점, 밀도)
16. 여러 종류의 절연체
17. 온도와 압력에 따른 공기의 밀도
18. 원소의 주기율표
19. 매질에 따른 음속(기체, 액체)
20. 포화증기압

3

Part

1 SI 단위계 접두어 >>>

인자	접두어 명칭	기호
10^{18}	exa	E
10^{15}	peta	P
10^{12}	tera	T
10^{9}	giga	G
10^{6}	mega	M
10^{3}	kilo	K
10^{2}	hecto	h
10	deka	da
10^{-1}	deci	d
10^{-2}	centi	c
10^{-3}	milli	m
10^{-6}	micro	u
10^{-9}	nano	n
10^{-12}	pico	p
10^{-15}	femto	f
10^{-18}	atto	a

2 도체의 종류 및 성질 >>>

재료		규격 또는 성분	저항률($10^{-2}\,\Omega,\ \mathrm{m}$)	온도계수($10^{-3}\,\Omega\cdot\mathrm{K}^{-1}$)	녹는점(℃)	밀도
도체	알루미늄	화학용	2.7	3.9	658	2.7
	카드뮴		7.46	3.7	321	8.64
	수은		95.8	0.91	-38.87	13.555
	철	공업용 전해질	10.5	5.76	1,530	7.87
	구리		1.724	3.96	1,083	8.9
	아연		6.25	3.8	419	7.15
	은		1.625	3.66	960	10.5
	텅스텐		5.5	4.5	3,370	19.3
	백금		10.6	3.625	1,773	21.4

3 건습구 온도계의 습도표

습구의 온도차(℃)	건구의 온도(℃)								
	0	5	10	15	20	25	30	35	40
1	81	87	88	89	90	92	93	93	94
2	64	72	76	80	82	85	86	87	88
3	46	59	66	71	74	77	79	81	82
4	29	45	55	62	66	70	73	75	76
5	13	33	44	53	59	63	67	70	72
6	…	21	34	53	52	57	61	64	66
7	…	9	25	36	45	50	55	59	61
8	…	…	15	27	38	44	50	54	56
9	…	…	6	20	30	38	44	50	52
10	…	…	…	13	24	33	39	44	48

(표에 실린 습도는 상대습도임)

1. 금속의 물리적 성질

원자번호 / 원소기호	원소명 (물질명)	밀도 ρ (20℃) [g/cm³]	탄성률 (Young률(Y)) [10¹⁰N/m² = 10¹¹dyn/cm²]	음속 v [m/s]	선팽창 계수 α (0~100℃) [10⁻⁵ K⁻¹]	비열(20℃) [kJ/kgK]	비열(20℃) [cal/gK]	녹는점 [℃]	녹음열 [kJ/kg]	녹음열 [cal/g]	비열(20℃) [10²W/mK]	비열(20℃) [cal/cmsK]	저항률 ρ (20℃) [10⁻²Ω mm²/m]	저항의 온도계수 [10⁻³ K⁻¹]
30 Zn	아 연	7.14	9.3	3,700	2.62	0.39	0.092	419	112	27	1.1	0.26	5.8	3.7
13 Al	알루미늄	2.70	7.0	5,100	2.4	0.90	0.21	658	390	93	2.2	0.52	2.7	4.3
51 Sb	안티몬	6.67	7.8	3,400	1.1	0.21	0.050	630	163	39	0.18	0.042	41.7	4.7
92 U	우라늄	18.7	13	–	–	0.12	0.028	1,130	–	–	–	–	–	–
48 Cd	카드뮴	8.64	7.1	2,310	3.2	0.23	0.055	321	57	13.7	0.92	0.22	7.46	4.2
20 Ca	칼 슘	1.55	2.0	–	2.2	0.65	0.16	840	328	79	–	–	4.5	3.3
79 Au	금	19.3	8.0	1,740	1.4	0.13	0.031	1,063	66	15.8	3.0	0.72	2.21	4.0
47 Ag	은	10.50	7.9	2,610	1.9	0.23	0.056	961	105	25	4.2	1.01	1.59	3.8
24 Cr	크 롬	7.1	2.5	–	0.85	0.45	0.11	1,890	300	70	0.43	0.10	2.8	–
27 Co	코발트	8.8	21	4,720	1.3	0.42	0.10	1,490	260	62	0.70	0.17	6.8	6.6
80 Hg	수 은	13.55	–	–	18(체팽창)	0.14	0.033	-38.9	1,107	2.8	–	–	95.8	0.89
50 Sn	주 석	7.31	5.5	2,600	2.7	0.23	0.054	232	59	–	0.65	0.16	11.5	4.6
74 W	텅스텐	19.3	36	–	0.43	0.13	0.032	3,370	200	50	1.7	0.41	5.51	4.5
73 Ta	탄 탈	16.6	19	3,400	0.65	0.14	0.033	2,996	–	–	0.54	0.13	15.5	3.1
26 Fe	철	7.86	22	5,130	1.2	0.45	0.107	1,540	276	66	0.75	0.18	10.5	6.6
29 Cu	구 리	8.93	12	3,560	1.6	0.39	0.092	1,083	205	49	3.9	0.93	1.72	3.9
11 Na	나트륨	0.97	–	–	7.1	1.25	0.30	98	115	27	1.3	0.31	4.6	5.5
82 Pb	납	11.34	1.5	1,320	2.9	0.13	0.031	327	24.7	5.9	0.34	0.083	20.7	4.2
28 Ni	니 켈	8.9	20	4,970	1.3	0.45	0.108	1,450	300	72	0.70	0.17	7.8	6.7
78 Pt	백 금	21.37	16.5	2,690	0.90	0.13	0.032	1,773	110	26	0.71	0.17	10.8	3.8
83 Bi	비스무트	9.8	3.2	1,800	1.3	0.12	0.029	271	54	14	0.09	0.021	119	4.5
4 Be	베릴륨	1.84	30	–	1.2	1.7	0.40	1,350	–	–	1.7	0.40	6.3	0.4
12 Mg	마그네슘	1.74	4.4	4,600	2.6	1.02	0.25	651	209	50	1.7	0.41	4.6	4.0
42 Mo	몰리브덴	10.2	–	–	0.49	0.26	0.062	2,620	–	–	1.4	0.33	5.7	4.0

2. 합금의 물리적 성질

합금명	밀도 ρ (20℃) [g/cm³]	탄성률 (Young률(Y)) [10^{10}N/m² = 10^{11}dyn/cm³]	음속 v [m/s]	선팽창 계수 α (0~100℃) [10^{-5}K^{-1}]	비열(20℃) [kJ/kgK]	[cal/gK]	[℃]	녹는점 [kJ/kg]	녹음열 [cal/g]	비열(20℃) [10^2W/mK]	[cal/cmsK]	성분 (중량비)
알루미늄 청동 (5% Al)	8.1	12	–	1.8	0.42	0.10	1,060	–	–	0.84	0.20	94.6Cu, 5Al, 0.4Mn
두랄루민	2.8	7.2	–	2.4	0.93	0.22	650	–	–	1.6	0.38	3~4Cu, 0.5Mg 0.25~1Mn, 나머지 Al
주 철	7.2~5.7	10	–	1.1	0.50	0.12	1,200	–	–	0.3~0.5	0.07~0.12	0~4C
인 발	8.1	14.5	–	0.20	0.50	0.12	1,450	–	–	0.16	0.039	64Fe, 36Ni
놋쇠(황동)	8.4	10.5	–	2.1	0.38	0.091	915	–	–	0.15	0.27	73Cu, 37Zn
양은 (18% Ni)	8.7	12~15	–	1.7	0.40	0.096	1,100	–	–	0.23	0.055	60Cu, 18Ni, 22Zn
연 철	7.6	22	–	–	–	– 0.11	–	–	–	0.6	0.14	0.04~0.4C
강 철 (0.85% C)	7.8	20	–	1.15	0.46	0.091	1,350	–	–	0.45	0.11	0.85C
석청동 (10% Sn)	8.9	10~12	–	1.9	0.38	–	1,010	–	–	0.46	0.11	90.75Cu, 8Sn, 0.25P

	상수	기호	계산값	단위	값
일반	광속(진공)	c	3.00×10^8	$m \cdot s^{-1}$	2.99792458
	진공투자율	μ_0	$4\pi\times10^{-7}$	$H \cdot m^{-1}$	
	진공유전율	ε_0	8.85×10^{-12}	$F \cdot m^{-1}$	8.854187817
	플랑크상수 $h/2\pi$	h	6.63×10^{-34}	$J \cdot s$	6.6260755
			4.14×10^{-15}	$eV \cdot s$	4.1356692
		$\hbar$	1.05×10^{-34}	$J \cdot s$	1.05457266
			6.58×10^{-16}	$eV \cdot s$	6.5821220
	기본전하량	e	1.602×10^{-19}	C	1.60217733
	조셉슨 진동수 전압비	2e/h	4.836×10^{14}	$Hz \cdot V-1$	4.8359767
	양자 홀 저항(h/e^2)	R_H	25812.81	Ω	25812.8056
	아보가드로수	N_A	6.02×10^{23}	mol^{-1}	6.0221367
	원자 질량단위 $1u=(1/12)m_c, (^{12}C)$	u	1.66×10^{-27}	kg	1.6605402
			931.49	MeV/c^2	931.49432
	패러데이상수(NAe)	F	96485.3	C/mol	96485.309
	뉴턴의 중력상수	G	6.673×10^{-11}	$m^3 kg^{-1} s^{-2}$	6.67259
자기	보어 마그네톤($eh/2m_e$)	μ_B	9.27×10^{-24}	$J \cdot T^{-1}$	9.2740154
			5.79×10^{-5}	$eV \cdot T^{-1}$	5.78838263
	핵 마그네톤($eh/2m_p$)	μ_N	5.05×10^{-27}	$J \cdot T^{-1}$	5.0507866
			3.15×10^{-8}	$eV \cdot T^{-1}$	3.15245166
	자속양자($h/2e$)	Φ_0	2.01×10^{-15}	Wb	2.006783461
입자 전자	보어반지름($a/4\pi R\infty$)	a_0	0.529×10^{-10}	m	0.529177249
	전자비전하	$-e/m_e$	-1.759×10^{-11}	$C \cdot kg^{-1}$	-1.75881962
	고전 전자반지름($a^2 a_0$)	r_e	2.818×10^{-15}	m	2.81794092
	전자 콤프턴 파장	λ_c	2.426×10^{-12}	m	2.42631058
	전자 자기모멘트 보어 마그네톤과의 비	μ_c μ_c/μ_B	928.48×10^{-26} 1.001	$J \cdot T^{-1}$	928.47701 1.001159652
	전자와 양성자의 자기모멘트 비	μ_c/μ_p	658.21		658.2106881
	전자질량	me	9.109×10^{-31}	kg	9.1093897
			5.486×10^{-4}	u	5.48579906
			0.511	MeV/c^2	0.51099906
	1전자볼트$[(e/C)J]$	eV	1.602×10^{-19}	J	1.60217733
	톰슨 단면적($8\pi re^2/3$)	σ_c	0.665×10^{-28}	m^2	0.66524616
중성자	중성자 콤프튼 파장	$\lambda_{c.n}$	1.320×10^{-15}	m	1.31959110
	중성자질량	m_n	1.675×10^{-27}	kg	1.6749286
			1.009	u	1.008664904
			939.57	MeV/c^2	939.56563

6 기본물리상수(2) ⟫⟫

상수		기호	계산값	단위	값
양성자	콤프턴 파장	$\lambda_{c,p}$	1.321×10^{-15}	m	1.32141002
	양성자 자기회전비율	γ_p $\gamma_p/2\pi$	26752.2×10^4 42.577	$s^{-1} T^{-1}$ $MHz \cdot T^{-1}$	26752.2128 42.577469
	양성자 자기모멘트 보어 마그네톤과의 비 핵 마그네톤과의 비	μ_p μ_p/μ_B μ_p/μ_N	1.411×10^{-26} 1.521×10^{-3} 2.793	$J \cdot T^{-1}$	1.41060761 1.52103220 2.79284738
	양성자 질량	m_p	1.673×10^{-27} 1.007 938.3	kg u MeV/c^2	1.6726231 1.00727647 938.27231
	양성자와 전자의 질량비	m_p/m_e	1836.2		1836.15270
뮤온	뮤온질량	m_μ	1.884×10^{-28} 0.113 105.66	kg u MeV/c^2	1.8835327 0.1134289 105.658389
	뮤온과 전자의 질량비	m_μ/m_e	206.77		206.768262
	뮤온의 자기모멘트	m_μ	4.490×10^{-26}	$J \cdot T^{-1}$	4.4904514
	뮤온과 양성자의 자기모멘트비	m_μ/μ_p	3.183		3.18334547
	뮤온 g 인자	g_μ	2.002		2.00233184
분광	미세구조상수($\mu_0 \alpha e^2/2h$)	a	7.297×10^{-3}		7.29735308
	리드버그상수($m_e \alpha^2/2h$)	R_∞	1.10×10^7	m^{-1}	1.09737315
열	몰 기체상수	R	8.315		8.314510
	볼츠만 상수(R/N_A)	k	1.381×10^{-23} 8.617×10^{-5}	$J \cdot T^{-1}$ $eV \cdot K^{-1}$	1.380658 8.617385
	스테판 볼츠만상수	σ	5.671×10^{-8}	$W \cdot m^{-2} K^{-4}$	5.67051
	빈 변위법칙 상수	b	2.898×10^{-3}	$m \cdot K$	2.897756

위의 기본물리상수는 CODATA(국제과학연맹 과학기술위원회) 산하 기본상수소위원회에서 1896년 1월 1일까지 수집한 각국의 측정자료를 기준으로 새로 결정한 것으로, CODATA Bulletin 1896년 11월호에 발표된 것 중 중요한 것만 간추린 것이다. 이 표에 사용된 단위는 국제단위계(SI)이며, 한글의 용어는 문교부 "편수자료 Ⅲ(1987년 11월)"에 따랐다.

물질명	화학식	밀도 ρ (0℃, 101.3 kPa) [kg/m³]	점성계수 η(0℃) [10⁻⁶ Ns/m² =10⁻³ cP]	비열(0℃) Cp [kJ/kgK]	Cv [cal/gK]	Cp/CV	녹는점 [℃]	녹음열 [kJ/kg]	끓는점[℃] [101.3 kPa] (1.013 bar)	기화열 [MJkg= 10⁻⁶ J/kg]	임계온도 [℃]	임계압 [100 kPa =bar]	비열 [W/mK]	비열 [10⁻³ cal /cmsK]
아세틸렌	C_2H_2	1.171	10.2	1.68	0.402	1.26	−82	–	−84	0.69	36	63	0.019	0.80
아르곤	Ar	1.784	21.2	0.52	0.125	1.66	−186	29	−186	1.16	−122	49	0.016	0.67
암모니아	NH_3	0.771	9.3	2.06	0.492	1.32	−78	332	−33	1.37	132	119	0.022	0.92
일산화탄소	CO	1.250	16.4	1.05	0.250	1.40	−205	29	−192	1.21	−139	36	0.023	0.96
일산화질소	NO	1.340	18.0	1.00	0.239	1.40	−164	–	−152	0.46	−93	65	0.024	1.00
에탄	C_2H_6	1.356	8.6	1.72	0.411	1.22	−184	95	−89	1.49	32	49	0.018	0.75
에틸렌	C_2H_4	1.260	9.6	1.50	0.36	1.24	−169	105	−104	0.48	10	51	0.017	0.71

8 **단위환산(길이, 넓이, 부피)** 〉〉〉

1. 길이

m	자	리	피트	마일	해리
1	3.3	2.5463×10^{-4}	3.2808	6.2137×10^{-4}	5.3996×10^{-4}
3.0303×10^{-1}	1	7.7160×10^{-5}	9.9419×10^{-1}	1.8829×10^{-4}	1.6362×10^{-4}
3.9273×10^{3}	1.296×10^{4}	1	1.2885×10^{4}	2.4403	2.1206
3.048×10^{-1}	1.0058	7.7611×10^{-5}	1	1.8939×10^{-4}	1.6458×10^{-4}
1.6093×10^{3}	5.3108×10^{3}	4.0979×10^{-1}	5.2800×10^{3}	1	8.6898×10^{-1}
1.852×10^{3}	6.1116×10^{3}	4.7157×10^{-1}	6.0761×10^{3}	1.1508	1

1 in=0.0254 m, 1 ft=12 in, 1 yd=3 ft, 1 mile=1760 yd
1자=10/33, 1자=10치, 1간=6자, 1정=60간, 1리=36정

2. 넓이

m^2	평	정(정보)	제곱야드	에이커	제곱마일
1	3.025×10^{-1}	1.0083×10^{-4}	1.1960	2.4711×10^{-4}	3.8610×10^{-7}
3.3058	1	3.3333×10^{-4}	3.9537	8.1688×10^{-4}	1.2764×10^{-6}
9.9174×10^{-3}	3×10^{3}	1	1.1861×10^{4}	2.4506	3.8291×10^{-3}
8.3613×10^{-1}	2.5293×10^{-1}	9.4310×10^{-5}	1	2.0661×10^{-4}	3.2283×10^{-7}
4.0469×10^{3}	1.2242×10^{3}	4.0806×10^{-1}	4.84×10^{3}	1	1.5625×10^{-3}
2.5900×10^{6}	7.8347×10^{5}	2.6116×10^{2}	3.0976×10^{6}	6.4×10^{2}	1

1 a=100 m^2, 1 ha=10,000 m^2(참고 21 ha=1정), 1평=36제곱자=400/121 m^2
1정=3,000평, 1 acre=4,840 yd^2, 1 mile^2=640 acre

3. 부피

m^3	리터(L)	승(되)	in^3	갤론(미)	갤론(영)
1	1×10^3	5.5435×10^{2}	6.1024×10^{4}	2.6417×10^{2}	2.1997×10^{2}
1×10^{-3}	1	5.5435×10^{-1}	6.1024×10	2.6417×10^{-1}	2.1997×10^{-1}
1.8039×10^{-3}	1.8039	1	1.1008×10^{2}	4.7654×10^{-1}	3.9680×10^{-1}
1.6387×10^{-5}	1.6387×10^{-2}	9.0842×10^{-3}	1	4.3290×10^{-3}	3.6046×10^{-1}
3.7854×10^{-3}	3.7854	2.0985	2.31×10^{2}	1	8.3267×10^{-1}
4.5461×10^{-3}	4.5461	2.5201	2.7742×10^{2}	1.2010	1

1승=2,401/1,331,000 m^2, 1석=10두(말)=(되), 1승=10홉=100작
1갤론(미)=23 1in^3, 1갤론(영)=277.420 in^3

9 단위환산(질량, 에너지, 공률, 전력, 압력)

1. 질량

kg	근	관	파운드	톤(미)	톤(영)
1	1.6667	2.6667×10^{-1}	2.2046	1.1023×10^{-3}	9.8421×10^{-4}
6×10^{-1}	1	1.6×10^{-1}	1.3228	6.5139×10^{-4}	5.9052×10^{-4}
3.75	6.25	1	8.2673	4.1337×10^{-3}	3.6908×10^{-3}
4.5359×10^{-1}	7.5599×10^{-1}	2.2096×10^{-1}	1	5×10^{-4}	4.4643×10^{-4}
9.0718×10^{2}	1.5120×10^{3}	2.4192×10^{2}	2×10^{3}	1	8.9286×10^{-1}
1.0160×10^{3}	1.6934×10^{3}	2.7095×10^{2}	2.24×10^{3}	1.12	1

1관=3.75 kg, 1관=6.25근, 1근=0.6 kg, 1파운드(1b)=0.45359237 kg

2. 에너지

J, Nm, Ws	kWh	kgf · m	kcal	마력 · 시	Btu
1	2.7778×10^{-7}	1.0197×10^{-1}	2.3885×10^{-4}	3.7767×10^{-7}	9.4782×10^{-4}
3.6×10^{6}	1	3.6710×10^{5}	8.5985×10^{2}	1.3596	3.4121×10^{3}
9.8066	2.7241×10^{-6}	1	2.3423×10^{-3}	3.7037×10^{-6}	9.2949×10^{-3}
4.1868×10^{3}	1.1630×10^{-3}	4.2694×10^{2}	1	1.5812×10^{-3}	3.9683
2.6478×10^{6}	7.3550×10^{-1}	2.7000×10^{5}	6.3242×10^{2}	1	2.5096×10^{3}
1.0551×10^{3}	2.9307×10^{-4}	1.0759×10^{2}	2.5200×10^{-1}	3.9847×10^{-4}	1

마력 · 시(불) : horsepower · hour, Btu : 영국의 열에너지 단위

3. 공률, 전력

W, Nm/s, J/s	kgf · m/s	kcal/s	kcal/h	마력(불)	Btu/h
1	1.0197×10^{-1}	2.3885×10^{-4}	8.5985×10^{-1}	1.3596×10^{-3}	3.4121
9.8066	1	2.3423×10^{-3}	8.4322	1.3333×10^{-2}	3.3462×10
4.1868×10^{3}	4.2694×10^{2}	1	3.6×103	5.6925	1.4286×10^{4}
1.163	1.1859×10^{-1}	2.7778×10^{-4}	1	1.5812×10^{-3}	3.9683
7.3550×10^{2}	7.5000×10	1.7567×10^{-1}	6.3242×10^{2}	1	2.5096×10^{3}
2.9307×10^{-1}	2.9885×10^{-2}	6.9999×10^{-5}	2.5200×10^{-1}	3.9847×10^{-4}	1

마력(불)=735.5 W, 마력(영)=764 W

4. 압력

Pa	바(bar)	kgf/cm^2	torr(mmHg)	기압(atm)	lbf/in^2(psi)
1	1×10^{-5}	1.0197×10^{-5}	7.5006×10^{-3}	9.8692×10^{-6}	1.4504×10^{-4}
1×10^{5}	1	1.0197	7.5006×10^{2}	9.8692×10^{-1}	1.4504×10
9.8066×10^{4}	9.8066×10^{-1}	1	7.3556×10^{2}	9.6784×10^{-1}	1.4223×10
1.3332×10^{2}	1.3332×10^{-3}	1.3595×10^{-3}	1	1.3158×10^{-3}	1.9337×10^{-2}
1.0132×10^{5}	1.0132	1.0332	7.60×10^{2}	1	1.4696×10
6.8948×10^{3}	6.8948×10^{-2}	7.0307×10^{-2}	5.1715×10	6.8046×10^{-2}	1

10 마찰계수 >>>

미끄럼 마찰계수		미끄럼 마찰계수	
물질	평균값	물질	평균값
마른나무 위의 나무	0.40	철로상의 주철 바퀴	0.004
돌 위의 나무	0.50		
마른나무 위의 금속	0.45		
금속 위의 금속	0.17	회전 피촉면에서의 볼베어링	0.002
금속 위의 가죽	0.56		
나무 위의 가죽	0.35		
돌 위의 칠	0.55	회전 피촉면에서의 롤러베어링	0.005

11 물의 성질(끓는점, 밀도, 표면장력) >>>

1. 끓는점

압력 (mmHg)	10^{-1} mmHg										압력 (mmHg)	10^{-1} mmHg									
	.0	.1	.2	.3	.4	.5	.6	.7	.8	.9		0.	.1	.2	.3	.4	.5	.6	.7	.8	.9
700	97.714	718	722	725	729	733	737	741	745	749	750	99.630	633	637	641	645	648	652	656	659	663
705	97910	914	918	922	926	930	934	928	942	946	755	99.815	819	823	827	830	834	838	841	845	849
710	98.106	110	114	118	212	125	129	133	137	141	760	100.000	004	007	011	015	018	022	026	029	003
715	98.300	304	308	312	316	320	323	327	331	335	765	100.184	187	191	195	198	202	206	209	213	216
720	98.493	497	501	505	509	513	517	520	524	528	770	100.366	370	373	377	381	384	388	392	395	399
725	98.680	689	693	697	701	705	703	712	716	720	775	100.548	551	555	559	562	566	569	573	577	580
730	98.877	880	884	888	892	896	899	903	907	911	780	100.728	732	735	739	743	746	750	753	757	761
735	99.067	070	074	078	082	085	089	093	097	101	785	100.908	912	915	919	933	926	929	933	937	940
740	99.255	259	263	267	270	274	278	282	285	289	790	101.087	090	094	097	101	104	108	112	115	119
745	99.443	447	451	454	458	462	466	469	473	477	795	101.264	268	271	275	278	282	286	289	293	296

2. 밀도(d)

$t(℃)$	d(g/ml=g/cm^3)	$t(℃)$	d(g/ml=g/cm^3)
0	0.99987	45	0.99025
3.98	1.00000	50	0.99807
5	0.99999	55	0.98573
10	0.99973	60	0.98324
15	0.99913	65	0.98052
18	0.99862	70	0.97781
20	0.99823	75	0.97489
25	0.99707	80	0.97183
30	0.99567	85	0.96865
35	0.99406	90	0.96534
38	0.99299	95	0.96192
40	0.99224	100	0.95838

3. 표면장력

온도(℃)	표면장력(dyn/cm)	온도(℃)	표면장력(dyn/cm)	온도(℃)	표면장력(dyn/cm)
− 8	77.0	15	73.49	40	69.55
− 5	76.4	18	73.05	50	67.91
0	75.6	20	72.75	60	66.18
5	74.9	25	71.97	70	64.4
10	74.22	30	71.18	80	62.6
				100	58.9

12 비금속재료의 물리적 성질

>>>

물질	밀도 ρ (20℃) [kg/dm³]	탄성률(영률) [10^{10} N/m² =10^{11}dyn/cm²]	음속 v [m/s]	선팽창 계수 α (0°~100℃) [10^{-5} K⁻¹]	비열 c (20℃) [kJ/kgK]	[cal/gK]	녹는점 [℃]	녹음열 [kJ/kg]	비열 (20℃) [W/mK]
원소									
황(단사정계)	1.96	–	–	12	0.74	0.177	119	46	0.20
셀레늄	4.8	–	–	0.37	0.38	0.091	217	65	–
탄소(흑연)	2.22	–	–	0.2	0.69	0.165	3,550	17,000	160
탄소(다이아몬드)	3.51	–	–	0.13	0.49	0.117	>3,600	17,000	165
인(황린)	1.83	–	–	12.4	0.79	0.181	44	22	–
광물 및 광물제품									
석 면	0.58	–	–	–	0.81	0.201	–	–	0.20
운 모	2.8	16~21	–	0.3	0.88	0.210	–	–	0.35~0.60
에타닛트	2.0	–	–	–	0.84	0.201	–	–	1.9
화강암	2.7	5	4,000	0.83	0.80	0.191	–	–	3.5
콘크리트(건조)	1.5~2.4	2~4	–	약 1.2	0.90	0.215	–	–	1.6~1.8
석회암	2.6	–	–	–	0.84	0.201	–	–	0.7~0.9
대리석	2.7	3.5~5	3,800	1.2	0.88	0.210	–	–	2.1~3.5
용융석영	2.2	–	–	0.04	0.71	0.170	–	–	0.22
벽 돌	1.8	–	–	–	0.75	0.179	–	–	0.6
화학제품									
에보나이트	1.15	–	–	8.5	1.67	0.399	–	–	0.17
유리(창유리류)	2.5	4.5~10	4,000~5,000	0.8	0.84	0.201	–	–	0.9
사 기	2.3~2.5	7~8	–	0.2~0.5	0.8	0.191	약1600	–	1.0
스테아타이트	2.6~2.8	–	–	0.7~0.9	1.3	0.311	–	–	2.3
셀룰로이드	1.4	–	–	10	–	–	–	–	0.23
유기유리류	1.18	0.3	–	–	1.7	0.407	–	–	1.9
목재 및 목제품									
박달나무(섬유 방향) (섬유에 수직)	0.69 0.69	–	3,800 –	0.5 5	–	–	–	–	0.29 0.16
참나무(섬유 방향)	0.65	–	3,400	–	–	–	–	–	0.17
종이	0.6~1.2	–	–	–	–	–	–	–	0.08~0.18
소나무(섬유 방향) (섬유에 수직)	0.52 0.52	–	3,000 –	0.5 3	–	–	–	–	0.35 0.14
화이바판(경질) (다공질)	1.0 0.3	–	–	–	–	–	–	–	0.15 0.06

물질명	화학식	밀도 ρ (20℃) [g/cm³]	점성계수 η (20℃) [10^{-3} Ns/m²=cP]	표면장력 (20℃) [dyn/cm =10^{-3} N/m]	체팽창계수 β (20~100℃) [10^{-3} K⁻¹]	비열 c (20~100℃)	
						[kJ/kgK]	[cal/gK]
아세톤	$(CH_3)COCH_3$	0.791	0.337	23.3	1.43	2.17	0.52
아닐린	$C_6H_5 \cdot NH_2$	1.030	4.6	43	0.85	2.05	0.49
에틸알코올	C_2H_5OH	0.791	1.25	22	1.10	2.43	0.58
에틸에테르	$(C_2H_5)_2O$	0.716	0.238	17	1.62	2.30	0.55
올리브유	---	0.915	90	–	0.72	1.67	0.40
크실렌	$C_6H_4(CH_3)_2$	0.870	0.69	29	0.99	1.67	0.40
글리콜	$(CH_2OH)_2$	1.116	–	48	–	2.43	0.58

물질명	비열 (20℃)		녹는점 [℃]	녹음열		끓는점 [℃]	증발열		비유전율 ε	굴절률 (D선- 589 nm)
	[W/mK]	[10^{-4} cal /cmsK]		[kJ/kg]	[cal/g]		[kJ/kg]	[cal/g]		
아세톤	0.180	4.31	-96	98	23.5	–	509	121.6	21.5	1.359
아닐린	0.17	4.1	-6	88	21	184	435	1.4	7.0	1.586
에틸알코올	0.181	4.33	-115	102	24.3	78	841	201	26	1.360
에틸에테르	0.138	3.30	-116	113	27	35	377	90	4.3	1.353
올리브유	0.167	4.0	–	–	–	–	–	–	3.1	–
크실렌	–	–	54	109	26	139	339	81	2.4	1.500
글리콜	–	–	17	201	48	197	800	191	41	1.427

14 여러 물질의 굴절률(액체, 광학재료, 금속, 공기) >>>

1. 액체와 광학재료의 굴절률

원소 파장[nm]	Hg 404.66	Hg 435.83	H 468.13	He 587.56	H 656.27	He 706.52
에틸알코올	1.3729	1.3698	1.3662	1.3618	1.3591	1.3585
칼륨암염(시루빈)	1.50994	1.50457	1.49820	1.49033	1.47709	1.48551
암염	1.56664	1.56055	1.55333	1.54437	1.54062	1.53882
광학유리 FK5	1.49894	1.49593	1.49227	1.48749	1.48535	1.48410
BK7	1.53024	1.52669	1.52238	1.51680	1.51432	1.51289
K5	1.53738	1.53338	1.52860	1.52249	1.51982	1.51829
F2	1.65063	1.64202	1.63208	1.62004	1.61503	1.61227
SE10	1.77578	1.67197	1.74648	1.72825	1.72085	1.71682
수정 상광선	1.557061	1.553772	1.549662	1.544289	1.541873	1.540598
이상광선	1.56667	1.56318	1.55896	1.55339	1.55089	1.54957
이황화탄소	1.6934	1.6742	1.64225	1.62804	1.61820	1.6136
피리딘	1.5399	1.5313	1.5219	1.5095	1.5050	1.5028
벤젠	1.5318	1.52319	1.51320	1.50155	1.49680	1.4943
방해석 상광선	1.68137	1.67522	1.66786	1.65850	1.65441	1.65228
이상광선	1.49693	1.49417	1.49080	1.48648	1.48462	1.48371
형석 CaF_2	1.441512	1.439494	1.437297	1.433872	1.432483	1.431778
물	1.342742	1.340201	1.337123	1.333041	1.331151	1.33014

2. 금속의 굴절률

금속	n	k	r [%]	금속	n	k	r [%]
Cu	0.14	3.35	95.6	Al	0.97	6.0	90.3
Ag	0.05	4.09	98.9	Na	0.05	2.48	97.1
Au	0.21	3.24	92.9	K	0.05	1.62	94.3
Hg	1.39	4.32	77.2	Ca	1.25	6.6	89.7

(복소수 굴절률 $n = n - ik$의 실수부분 n과 허수부분 k 및 반사율 $r[\%]$)

3. 공기(15℃, 101.3 kPa)의 절대굴절률

파장(μm)	−30℃	0℃	+30℃	파장(μm)	−30℃
0.2	38406	34187	30802	5.0	32314
0.3	34522	30756	27711	6.0	32311
0.4	33509	29828	26875	7.0	32309
0.5	33060	29428	26514	8.0	32309
0.6	32824	29218	26325	9.0	32308
0.7	32684	29093	26213	10.0	32308
0.8	32594	29013	26140	12.0	323.7
0.9	32533	28959	26091	14.0	32307
1.0	32489	27920	26056	16.0	32306
2.0	32351	28797	25946	18.0	32306
3.0	32326	28775	25925	20.0	32306
4.0	32317	28767	25918	∞	32305.7

15 여러 재료의 물성(저항률, 온도계수, 녹는점, 밀도)

	재료	규격 또는 성분	저항률 $[10^{-2}\,\Omega\,mm^2/m]$	온도계수 $[10^{-3}\,K^{-1}]$	녹는점 $[°C]$	밀도 $[g/cm^3]$
도체	알루미늄	화학용	2.7	3.9	658	2.7
	카드뮴		7.46	3.7	321	8.64
	수은		95.8	0.91	-38.87	13.55
	철	공업용 전해철	10.5	5.76	1,530	7.87
	구리		1.724	3.96	1,083	8.0
	아연		6.25	3.8	419	7.15
	은		1.65	3.66	960	10.5
	텅스텐		5.5	4.5	3,370	19.3
	백금		10.6	3.62	1,773	21.4
탄소	탄소	전극	6,000	–	–	1.5
	탄소	필라멘트	4,000	–	–	1.5
	탄소	그라파이트결정	700~1,200	–	–	2.2
저항체	크로막스 (Chromax)	15% Cr, 35% Ni, 나머지 Fe	100	0.031	1,380	7.95
저항체	니크롬 65/15	60~65% Ni, 15~19% Cr 15~20% Fe, 2~4% Mn	100~115	0.18	1,400	8.2
	니크롬 80/20	70~80% Ni, 20% Cr 1~3% Mn	100~110	0.18	1,410	8.3
	양은	64% Cu, 18% Ze, 18% Ni	28	0.026	1,110	8.72
특수합금	Ag-Mg 합금	91.22% Ag, 8.78% Mn	28	-1×10^{-3}	–	9.5
	콘스탄탄	54% Cu, 45% Ni, 1% Mn	50	±0.03	1,270	8.9
	망가닌	86% Cu, 12% Mn, 2% Ni	43	0.003~0.02	960	8.4

16 여러 종류의 절연체 ⟫⟫

재 료	절연파괴의 세기 [kV/mm]	체적저항률 [Ω m]	표면저항률 [Ω]	비유전율	
				50 Hz	10^6 Hz
운모	(120~240) (박막의 값)	10^{12}~10^{15}	10^{13}~10^{14}(30), 약 10^9(90)	–	6.8~8.0
유리(석영)	20~40	>10^{15}	약 10^{15}(20), 약 10^9(90)	3.5~4.0	3.5~4.0
유리(소다석회)	–	10^9~10^{12}	–	8.0~9.5	5.0~8.0
스테아타이트사기	8~14	10^{11}~10^{13}	–	–	6.0~7.0
천연고무	20~30	10^{13}~10^{15}	–	2.7~4.0	–
파라핀	8~12	10^{14}~10^{17}	약 10^{15}(20)	1.9~2.4	–

17 온도와 압력에 따른 공기의 밀도 ⟫⟫

(단위 : kg/m³)

t℃ \ mmHg	690	700	710	720	730	740	750	760	770	780
0	1.174	1.191	1.203	1.225	1.242	1.259	1.276	1.293	1.310	1.327
5	1.153	1.169	1.186	1.203	1.220	1.236	1.253	1.270	1.286	1.303
10	1.132	1.149	1.165	1.182	1.198	1.214	1231	1.248	1.264	1.280
15	1.113	1.129	1.145	1.161	1.177	1.193	1.209	1.226	1.242	1.258
20	1.094	1.109	1.125	1.141	1.157	1.173	1.189	1.205	1.220	1.236
25	1.075	1.901	1.106	1.122	1.138	1.153	1.169	1.184	1.200	1.215
30	1.057	1.073	1.088	1.103	1.119	1.134	1.149	1.165	1.180	1.195

Physics experiments

Part 3

Periodic Table of the Elements

주족(Main groups)

주족(Main groups)

Group numbers recommended by the International Union of Pure and Applied Chemistry

원자번호 (atomic number)

화학원소 (Chemical Elements)

1
H
1.008

원자질량 (atomic mass)

질량수 (mass number)
양성자수 (proton number)
중성자수 (neutron number)

$^{12}_{6}C_6$ $^{13}_{6}C_7$

동위원소 (Isotopes) 표기법

족 (Group) / 주기 (Period)

족(Group) / 주기(Period)	1A 1	2A 2	3B 3	4B 4	5B 5	6B 6	7B 7	8B 8	8B 9	8B 10	1B 11	2B 12	3A 13	4A 14	5A 15	6A 16	7A 17	8A 18
1	1 H 1.008																	2 He 4.0026
2	3 Li 6.94	4 Be 9.01											5 B 10.81	6 C 12.01	7 N 14.01	8 O 15.999	9 F 19.00	10 Ne 20.18
3	11 Na 22.99	12 Mg 24.31											13 Al 26.98	14 Si 28.09	15 P 30.97	16 S 32.06	17 Cl 35.45	18 Ar 39.95
4	19 K 39.10	20 Ca 40.08	21 Sc 44.96	22 Ti 47.90	23 V 50.94	24 Cr 52.00	25 Mn 54.94	26 Fe 55.85	27 Co 58.93	28 Ni 58.70	29 Cu 63.55	30 Zn 65.38	31 Ga 69.72	32 Ge 72.59	33 As 74.92	34 Se 78.96	35 Br 79.90	36 Kr 83.80
5	37 Rb 85.47	38 Sr 87.62	39 Y 88.91	40 Zr 91.22	41 Nb 92.91	42 Mo 95.94	43 Tc (97)	44 Ru 101.1	45 Rh 102.9	46 Pd 106.4	47 Ag 107.9	48 Cd 112.4	49 In 114.8	50 Sn 118.7	51 Sb 121.8	52 Te 127.6	53 I 126.9	54 Xe 131.3
6	55 Cs 132.9	56 Ba 137.3	57-71 *	72 Hf 178.5	73 Ta 180.9	74 W 183.9	75 Re 186.2	76 Os 190.2	77 Ir 192.2	78 Pt 195.1	79 Au 197.0	80 Hg 200.6	81 Tl 204.4	82 Pb 207.2	83 Bi 209.0	84 Po (209)	85 At (210)	86 Rn (222)
7	87 Fr (223)	88 Ra 226.0	89-103 †	104 Rf (257)	105 Ha (260)													

* Rare earths (Lanthanides)

57 La (227)	58 Ce 138.9	59 Pr 140.1	60 Nd 140.9	61 Pm 144.2	62 Sm (145)	63 Eu 150.4	64 Gd 152.0	65 Tb 157.3	66 Dy 158.9	67 Ho 162.5	68 Er 164.9	69 Tm 167.3	70 Yb 168.9	71 Lu 173.04 174.97

† Actinides

89 Ac (227)	90 Th 232.0	91 Pa 231.04	92 U 238.03	93 Np (237)	94 Pu (244)	95 Am (243)	96 Cm (247)	97 Bl (247)	98 Cf (251)	99 Es (254)	100 Fm (257)	101 Md (258)	102 No (255)	103 Lr (260)

Elements created in the laboratory

19 매질에 따른 음속(기체, 액체)   >>>

1. 기체 속에서의 음속

가스	화학식	0℃에서의 속도(m/s)
공기	…	331.45
암모니아	NH3	415
아르곤	Ar	319
일산화탄소	CO	338
이산화탄소	CO2	259.0
이황화탄소	CS2	189
염소	Cl2	206
에틸렌	C_2H_4	317
헬륨	He	965
수소	H2	1,284
발광가스	…	453
메탄	CH4	430
네온	Ne	435
일산화질소	NO	325
질소	N2	334
이산화질소	N_2O	263
산소	O2	316
수증기(134℃)	H_2O	494

2. 물속에서의 음속

온도(℃)	속도(m/s)
0	1,402.3
20	1,482.3
50	1,542.5
70	1,554.7
100	1,543.0

(단위 : mmHg. 1 mmHg = 133.322 Pa)

$T(℃)$	물	수은
액체공기	…	2×10^{-27}
고체 CO_2	6×10^{-4}	3×10^{-9}
-20	0.79(ice)	…
-10	1.97(ice)	…
0	4.58	0.0004
10	9.2	…
20	17.5	0.0013
30	31.8	…
40	55.3	0.006
50	92.5	…
60	149.4	0.03
70	234	…
80	355	0.09
90	526	…
100	760	0.28
150	3,580	2.9
200	11,700	18
300	…	247

3판

물리학실험 입문

2020년 1월 31일 3판 1쇄 펴냄 | 2021년 2월 1일 3판 2쇄 펴냄
지은이 전철규 · 문창범
펴낸이 류원식 | **펴낸곳 교문사**

편집팀장 모은영 | **본문편집** 김미진 | **표지디자인** 유선영
제작 김선형 | **홍보** 김은주 | **영업** 함승형 · 박현수 · 이훈섭

주소 (10881) 경기도 파주시 문발로 116(문발동 536-2)
전화 031-955-6111~4 | **팩스** 031-955-0955
등록 1968. 10. 28. 제406-2006-000035호
홈페이지 www.gyomoon.com | E-mail genie@gyomoon.com
ISBN 978-89-363-1914-4 (93420) | **값** 16,000원